Commercial Photographer's Master Lighting Guide

商业摄影用光艺术

[美] 罗伯特·莫里西 著

张弢 王浩 译

清華大學出版社

北 京

北京市版权局著作权合同登记号 图字 01-2014-2304

图书在版编目（CIP）数据

商业摄影用光艺术 / (美) 莫里西著；张弢，王浩译. -- 北京 ：清华大学出版社, 2016 (2020.7重印)

书名原文: Commercial Photographer's master lighting guide: food architectural interiors clothing jewelry more

ISBN 978-7-302-43622-5

Ⅰ. ①商… Ⅱ. ①莫… ②张… ③王… Ⅲ. ①摄影光学 Ⅳ. ①TB811

中国版本图书馆 CIP 数据核字(2016)第 083488 号

责任编辑：王　琳

封面设计：刘　祺

责任校对：王荣静

责任印制：沈　露

出版发行：清华大学出版社

网　　址：http://www.tup.com.cn, http://www.wqbook.com

地　　址：北京清华大学学研大厦 A 座　　　邮　　编：100084

社 总 机：010-62770175　　　邮　　购：010-62786544

投稿与读者服务：010-62776969, c-service@tup.tsinghua.edu.cn

质量反馈：010-62772015, zhiliang@tup.tsinghua.edu.cn

印 装 者：涿州汇美亿浓印刷有限公司

经　　销：全国新华书店

开　　本：190mm×260mm　　印　张：7.5　　字　数：211 千字

版　　次：2016 年 5 月第 1 版　　印　次：2020 年 7 月第 2 次印刷

定　　价：59.00 元

产品编号：058309-01

前言 PREFACE

我写这本书的目的在于去除商业摄影用光的神秘感，使之通俗易懂。在接下来的章节里，你将会学到什么是光质并掌握选择关键器材的摄影技巧。除此之外，还有各种以简洁明了的图文方式展现的专业布光技巧。我已经在商业拍摄中实践过上述所有的技巧，每一次都会令客户感到满意。

同时，针对不同的拍摄类型，我将向你们展示相应的影棚设计方案，以及低成本的设备解决方案，并在客户的预算内尽可能增加你的可议价范围。例如，直接讨论如何选择背景布和背景材质来为你节省开支。

当然，你也可以用这本书上的相关内容来向客户展示你认为的最完美的灯光设置，而不需要现场设置灯光。

如果你想成为一名职业的商业摄影师，这本书将会告诉你哪些是你需要做而且必须做好的基本功。本书没有对行业的粉饰或是半真半假的陈词，摄影行业从来都是充满竞争的，而且也会一直如此。要想在商业摄影上做得足够优秀和成功（或者说挣得更多），光是拍摄出漂亮的照片是不够的，你必须以确定的商业指标为标准，运营好你的工作室。当我开始从事这个行业的时候，如果也有这样一本书来指导我，那该多好。

商业摄影师做起来并不轻松。对于我来说，它意味着漫长而艰苦的职业生涯。一路上的成功和失败给了我启发，让我写下这本书，告诉你如何尽你所能成为最好的摄影师。我相信今天商业摄影界的竞争相比于六年前我写这本书第一版的时候，要激烈得多。正是我的积极性、决心和对各种商业摄影技术全方位的洞察，让我在商业摄影界勇往直前。

书中所有的商业摄影技巧皆出自我的宝贵实践经验

目前，我是莫里西摄影机构的老板。我的广告摄影作品和为杂志拍摄的作品已经遍布全球。作为一名成功的商业摄影师，我已经挣到了足够多的财富，过上了很好的生活。通过尝试向你的客户提供出色、富有感召力的图片，并制作成印刷品或者上传至网络，帮助他们销售商品，你也能获得同样的成功。通过深入学习本书，我坚信你会为实现梦想打下坚实的基础。

祝大家好运！

对应插图 商业摄影不仅仅要依赖好的灯光，你还要对Photoshop有全面的理解。要制作完美的图片，必须掌握如何运用光影。

quattro

目录
CONTENTS

目录 CONTENTS

1. 用光基础

有这样一种说法，摄影是九分光、一分物，我觉得这太正确了。没有光，就没有照片。没有专业的灯光造型，就没有伟大的照片。为了最大程度地美化你的拍摄对象，就应该对用光有大致的了解。在深入研究器材、光位图以及创作一幅完美照片的其他关键性因素之前，我们必须先由基础开始。

光的类型

光线可以分为自然光和人工光两种。自然光来自于太阳，无论是渗入阴影区域的低调光线，还是通过窗户射入的光束，抑或是来自于无云天空的直射阳光，都是自然光。人工光则来自于其他光源。摄影师会灵活选择或者是结合自然光和人工光来拍摄出更好的效果。

自然光。在肖像摄影里，利用自然光可以拍摄出具有感染力的照片，特别是人像摄影。相较于操控影室灯光，许多摄影师更喜欢朴素的自然光。

没有专业的光线造型，
就没有伟大的照片

请记住，当你利用自然光拍摄照片的时候，光源是固定的，为了取得更完美的效果，可以改变被拍摄物体的受光面，或者是遮挡来自上方或者侧方的光线（利用黑卡遮挡，见第25页），也可以利用反射光给阴影区补光（反光板或反光罩，见第21页）。

顶光。在阳光下拍摄时，要尽量避免阳光从正上方直接照射在被摄物体上。这种光线会在模特的脸上形成难看的阴影，或者是在被摄物下方形成较深的阴影。如果在太阳处于一个比较低的角度，光线比较自然时，即一早一晚进行拍摄时，就可以最大程度避免这种阴影的产生（参见下文中的“黄金时刻”）。如果可能的话，尽

上页图 想要在影棚或外景地进行有效布光，需要了解人工光和自然光的各种特性。

上图和下图 扎实的布光技能对于商业图片的拍摄是非常关键的，它能使你的作品从竞争中脱颖而出。

量在阳光被散射或者顶光被遮挡的情况下拍摄。空地边缘（被较高的书和树枝覆盖）的光是比较理想的，就像门廊里的光线。永远记着带两只灯架和一个至少1.2m×1.6m大小的柔光屏（见第25页）来扩散光源并使之柔和。

尽量避免阳光从正上方直接照射到被摄物体上

窗光。你可以利用室内自然光来拍摄。透过窗户（或者开着的门）照射的光非常适合拍摄人像。因为窗户面积大，当阳光透过玻璃照射时光线会特别柔和。窗光，非常自然，总是具有较好的指向性。即使被摄物处于光线照射之外，也可以在背光面放置反光板来"填充"阴影，或者是利用柔光屏来柔化或发散窗光。

黄金时刻。当太阳在天空中的位置较低的时候，阳光可作为轮廓光或背光，呈现出梦幻的暖色光效果，摄影师常常利用这个黄金时刻拍摄出美妙的照片。最好的光线是来自于从日出到太阳升起后一个小时，以及太阳落山前一个小时。我总会提前很久到达拍摄现场，架好设备，等待黄金时刻的到来。

对页和右图 每次拍摄都需要特别的、极具创意性的布光方法。

外置闪光灯系统可以全手动，也可以全自动

人工光源 人工光源主要分为瞬间光源（如闪光灯）和连续光源（HMI钨丝灯、荧光灯）。

闪光灯。闪光灯主要在现场光很微弱时或者自然光需要被加强的条件下使用。很多价格低廉的数码相机和专业设备都有内置闪光灯，它要么是机身的一部分，要么是在激活时弹出来。这种灯组结构可以为贴近相机位置的被摄物（通常约4.5m内）提供闪光灯照明。这种低功率闪光灯带来的效果还不错，但是因为闪光离镜头太近，可能会在拍摄人物时产生红眼效果。

为了取得更好的拍摄效果，许多摄影师会尝试使用外置闪光灯（热靴闪光灯或小闪灯）——有原厂的也有副厂的（比如美兹和昆腾）。这种闪光灯通过热靴或者同步线与相机连接，摄影师可以将其直接安装在相机上，也可以手持离机拍摄，或者装在与相机连接的闪光灯支架上。

附加 闪光灯组可以全手动也可以全自动。手动控制闪光灯的时候，闪光灯每次触发都能够发出同样强度的光线（有些灯具有可变功率控制装置）。使用手动闪光灯时，可以利用闪光测光表测量出准确的光线。在自动控制模式下，摄影师可以利用TTL（通过镜头测光）功能来测量光线并反馈给闪光灯，使之发出合适照度的光线。

外接闪光灯组件有多重扩散装置来柔化正对被拍摄物打出的光线。我建议在拍摄时或多或少地都要对机顶闪光灯进行柔化。

影室灯有两种：单灯头和电源箱

影室闪光灯（也称为电子影室闪光灯或闪光灯组）在产品摄影师中很受欢迎，属于高色温。与日光型胶片和数码相机中日光白平衡设置比较匹配。影室灯有两种：单灯头和电源箱。无论你用哪一种方式，连接相机与闪光灯组，都是通过闪光灯同步线、无线信号，或者光敏来触发（稍后我们会详细解释）。

单灯头，其供电系统和闪光灯管整合在灯头内部，交流供电，通常可以通过同步线直接与相机连接触发闪光灯，或者通过无线引闪器遥控触发闪光灯。很多单灯头有内置的光敏组件，当其他灯头闪光时，能够自动触发单灯头。独立的无线引闪器如普威或者昆腾的引闪器都可以让摄影师通过相机快门来触发闪光灯。

电源箱使得摄影师可以使用可独立调节的多灯头灯组，直流电或交流电均可，有些电源箱甚至提供车充直流电接口。当你在现场想灵活利用影室灯又无法插入交流电源时，这个功能就非常有用。太阳能发电机的价格也越来越低。

当利用相机快门触发闪光灯时，影室闪光灯会发射可测量的突发的光线。很明显，仅有闪光灯的突发光线是很难确定闪光灯与被拍摄物之间的距离和位置的，因此，影室灯头里都会安装一个250W的钨丝灯泡，作为造型灯来帮助摄影师观察光线，看它们是如何照亮被摄物的（造型灯泡在闪光灯管触发的时候会暂时熄灭，直到闪光灯回电到位时才会重新点亮，以为拍摄下一张照片做好准备）。

这张乐高太阳能之家的照片是通过创意、摄影和Photoshop创作优秀广告画面的例子。

请记住，想要拍摄出确保准确的色彩表现，就要评估场景中的光线色温。

连续光源。闪光灯发明之前，连续光源是摄影师的唯一选择。随着数字视频的兴起，连续光源正重新流行起来。

对于连续光源来说，它既是造型灯，又是作用于最后成品的光源。这意味着所见即所得。另外，由于数字成像的出现，平衡你的记录媒介与现有光源的色温是很容易的（只要正确设置相机的白平衡，如果需要，可使用自定义白平衡）。

摄影用的钨丝灯就像家用电灯泡一样，输出使用从100W到24000W不等。在这种光源下拍摄时，你需要设置相机为钨丝灯白平衡或者使用灯光型胶片。

HMI灯只需要很短的时间就可以点亮，但是需要配备镇流器。它相对钨丝灯来说比较明亮而且色温和日光相当，但价格更高。

摄影用的专业荧光灯可以低温运行，不影响被拍摄的物体或者人物。它可以在日光或者钨丝灯两种色温之间变换，但是在输出功率上有所限制。

色温表

火柴光1700~1800K
烛光1850~1930K
日出和日落的阳光2000~3000K
家用钨丝灯泡2500~2900K
钨丝台灯(500~1000W) 3000K
石英灯3200~3500K
荧光灯3200~7500K
正午直射的阳光5000~5400K
白天5500~6500K
多云的天空6000~7500K
电脑显示器6500K
户外阴影7000~8000K
部分多云的天空8000~10000K

光的特点

色温　可见光是由7种颜色组成的：红、橙、黄、绿、蓝、青、紫。人眼能够很好地自动平衡各种颜色，所以每种颜色无论在微红的光源下（日落）、微黄（家用灯泡），或者微绿的光源下（主要是荧光灯管），人眼都觉得没有什么分别。但是胶片或者数字感光元件却无法准确识别。因此，为了获得颜色准确的照片，衡量现有光源的颜色是非常重要的。

光源的颜色是用色温来界定的。“白色光”是色温的起点，大约5500K。太阳升起或者落下时，光的颜色变暖，其色温偏低。当光源色温高于5500K时，我们说其颜色偏冷或者偏蓝。

当相机的感光元件的色彩平衡与现有光源的色温相匹配时，照片的颜色才会像人眼看上去那么自然。

方向　方向是光线的关键特性之一。光源的方向决定了高光和阴影，这样能够在照片中产生具有立体感的影调。光源的方向，由光源与被摄物的相对位置来确定，所以无论是移动光源或者被摄物都能够改变光源的方向。而移动机位，则可以拍摄出或多或少的高光和阴影。

大多数情况下，光源能够照亮被摄物体离光源比较近的一面，而远离光源的另一面则处于阴影之中。只有当柔和的光源照亮物体的时候，阴影才会因为环境的反射而有所减弱。

光源会照亮被摄物体离光源最近的区域

来自于被摄物前方的光源称为顺光。在顺光下，物体的前方能够得到大面积的照明，并表现出足够多的细节及比较少的阴影，但立体感和质感会有所损失。顺光常常用作时尚摄影或者媚态人像摄影，因为这种光可以使皮肤看起来很顺滑。顺光还可以使物体看起来比较平或者浅。

逆光来自于被摄物体背面，朝向相机。因此，逆光常常使物体的前方处于阴影之中或曝光不足。它常常可以照亮物体的边缘，甚至让它看起来很绚丽。这种效果称为轮廓光。这种用光还常用来制造剪影效果。

侧光，来自于物体的左侧或者右侧，并使物体在另一侧产生明显的阴影，因此常常被用于特别强调模特面部轮廓的肖像摄影中。

顶光来自于被摄物的顶部上方。这种光源常常需要使用斜臂支架来支撑。

底光来自于被摄物体下方，这个术语虽然源自汽车行业，但它描述得很恰当。

硬光与柔光 光源的方向决定被摄物的高光和阴影的分布关系，而光质决定阴影的柔和度和锐利度。基于此，光可以被描述为硬光和软光。硬光（就像晴天室外的太阳光）能够带来较深且边缘很硬的影子，以及明亮的颜色和高光。

柔光（来自于天空的散射光）使物体产生淡而柔和的阴影，甚至没有阴影。在柔光下，物体的色彩倾向于被抑制，变暗淡。对于大多数摄影题材来说，柔光是理想的，然而在现有拍摄场景中，柔光并不总是现成的，我们可以通过各种光线造型工具来将硬光柔化（本章之后将详述）。

光质的软或硬是由光源相对于被拍摄物的面积大小决定的。硬光来自于相对面积小且距离远的光源，例如，边缘锐利的阴影常常在晴天出现。太阳是一个超大的光源，但是因为它距离地球非常遥远，相对于地球上的被拍摄物来说就是一个非常小的光源。一旦光线穿过大气层，经过反射、折射和散射，你就可以分辨出各种光质。

提示：为你的灯具多准备一些造型工具，这样你就可以将光源塑造出各种合适的质感。

硬光来自于相对于被摄体面积较小的光源

柔光来自于相对于被摄物体面积较大的光源。假设你站在阴天的室外，你能看见自己的阴影

高亮点

作为摄影师，我们必须通过二维的媒介渲染出三维的世界。要做到这一点，通过制造高光和阴影来帮我们刻画物体的形状以及它与场景中其他元素的关系。

“高亮点”一词描述了这样一个区域，它比画面中其他部分都更加明亮（“更加惹眼”）。当我们观看一幅作品时，我们的目光会落在最亮调的部分。因此，有时我会通过高亮点来增强一个标志的视觉效果。我还通过这种方法为平淡的产品创造三维立体效果，或者为某个场景增加纵深感。

创建高亮点时，对阴影区域的控制非常重要，因为没有暗部就没有亮部。

制造高亮点的首要技巧是为被摄对象营造有吸引力的光照。选择想要照亮的区域，用一面镜子将主光反射回被摄主体，或者用一盏安装了蜂巢或猪嘴的低功率灯照射在你希望强调的区域。要想增加高光和阴影区域的反差，可以使用黑卡（遮板）在部分照明区域遮挡光线，这样能够将该区域变得更暗。

这幅芒果的画面创意性地整合了摄影和数码后期处理。

布光和曝光设定能使你在画面中建立起所期待的情绪。

比较淡且边缘柔和，这是因为云层对阳光起到了散射作用。这样，整个天空就成为了一个巨大的光源，光线也就成为了柔光。

当我们在布置各种光线进行拍摄的时候，同样可以遵循这一原则。如果你用一个较小的光源（如一只灯泡）在任何距离进行拍摄，光质就会很硬。如果在光源和被摄物之间加上一个柔光材料（无论是商业摄影里常用的柔光屏，或者一块白色床单），就能扩大光源，使光质变柔和。另外，光源与被摄物之间的距离也会影响画面中的高光和阴影的强度。

曝光

当你拍摄照片时，你总是希望在暗部和亮部都能够得到足够多的细节，以及准确的色彩。如果照片曝光过度（有太多的光进入了相机），画面会太白，高光部分会丧失细节。曝光不足的照片（进入相机的光太少），暗部细节会缺失且会有噪点（数码）。

感光度　考虑曝光的第一要素就是感光度ISO设置（或胶片的感光速度）。数值越大，感光元件对光的感应能力就越强。

光圈　光圈决定单位时间内到达感光元件或胶片的光的多少，以及最终曝光的景深。因此，光圈值决定画面整体曝光。光圈越小，到达感光元件的光量就越小，反之，到达感光元件的光量就越大。开大光圈是指开大光圈叶片开合的尺寸，而对应的光圈值数是调小。

当我们每调整一档光圈时，到达感光元件/胶片的光线量都是调整前的两倍或一半。下一页的边栏表格会帮助你更好地理解光圈大小与用来曝光用的光线量之间的关系。

快门速度　快门速度的设定表明了快门开启（光线到达感光元件/胶片）所持续的时间。快门速度通常为几分之一秒，而在低照度下，例如拍摄夜景，会用到长达数秒的曝光时间。

快门速度越慢，感光元件接受的光线就越多，反之，光线就少。和光圈的调整一样，整档的快门调整意味着可以得到调整前两倍或者一半的曝光量。

较快的快门速度常常被用来在明亮的场景下控制曝光，或者凝固被摄物的动作，也可以减少手持相机进行拍摄时的抖动。

SQDC=E

感光度(Sensitivity)+光圈数(Quantity)+快门间隔(Duration)+色彩平衡(Color Balance)=曝光(Exposure)

拍摄一张照片所需的光量多少和曝光是否合适取决于以下4个因素。

感光度：ISO或“胶片速度”是感光材料对于光的敏感性的一种数字化的描述；数值越高，敏感度越高。

光圈数：光圈开启的大小决定有多少光线进入相机到达感光元件/胶片。

快门速度：快门速度决定了允许光线进入相机到达感光元件/胶片的持续时间。

色彩平衡：色彩平衡是在照片中描述色彩的方法。光源的色温会影响场景在照片中展现出的色彩效果。数码相机能够进行白平衡设定来使颜色看起来自然一些（就像是人眼所见的），或者比人眼察觉到的冷一些或暖一些。这么做有时是为了在画面中营造某种情绪。

长时间曝光主要用于低照度下的拍摄，让更多的光可以进入相机；也可以用来产生运动物体的动态模糊，当然也会带来手持相机的抖动。因此，相机应该放置在三脚架上或者其他稳定的地方，甚至可以用快门线或遥控去触发快门以规避相机的震动。

在单反相机里，有一块45°斜置的反光镜，方便我们在取景时看到正像。当快门触发的时候，反光镜弹起使光线到达感光元件，并在一定时间后落下。正是这种反光镜的上下移动会产生相机的抖动，可导致照片的模糊。我们可以通过预升反光镜来避免这种情况。

测光表 测光表是用来测量照射到被摄物体上的光线的照度或从物体反射出来的光线的亮度的装置。基于这种功能，测光表给出一组特定的光圈、快门速度和感光度的组合，利用这些组合数据可以拍出正确曝光的照片。测光表分为反射式测光表和入射式测光表两种。

反射式测光表。所有的相机内置测光表和部分手持测光表均属于反射式测光表，摄影师会将测光表上用于测光的部分（通常是手持测光表上的圆顶）指向被摄物体并读取曝光数值。

正是因为这种测光表测量的是被摄物表面反射出来的光线，你所对准的被摄物体上的那块区域的影调和颜色就决定了整张照片的曝光设定。例如，当相机里的测光表对准被摄物体中白色的区域时，便决定了相对于对准一个黑色区域，你采用的曝光将会偏少。

为了规避这种失误，高端的相机会测量画面中多个区域的反光，并对测光表读数进行加权平均，以得到一个更加准确的曝光读数。如果你的相机没有这个功能，那么你可以随身携带一块灰卡，这种中灰色调的卡片在任何一家摄影商店都可以买到。将灰卡放置在与被拍摄物体相同的光线条件下，测量灰卡上反射光线所得到的读数将会让你的曝光更加准确。

光圈和通光量

F2.8——两倍于F4的通光量

F4——F2.8通光量的一半，两倍于F5.6

F5.6——F4通光量的一半，两倍于F8

F8——F5.6通光量的一半，两倍于F11

F11——F8通光量的一半，两倍于F16

F16——F11通光量的一半，两倍于F22

F22——F16通光量的一半

直方图

使用相机里或者软件中的直方图来判断曝光的准确性。这比使用测光表要准确——商业拍摄中每次都要求有完美的曝光。

大多数反射式测光表有50°的视角范围，与标准镜头类似。而点测表拥有更小的视角，更小的视角能够对拍摄场景中每一个特殊的范围进行精确测光（例如，你的模特的肤色）。某些专业的点测表甚至拥有1°的视角。

入射式测光表

入射式测光表测量覆盖在被摄物表面的光线，无论被摄物的色调或者影调如何，都可以精确读出曝光值。摄影师常常需要拿起测光表对着镜头，并站在被摄物体的旁边。入射式测光表拥有大至180°的视角。

一体式测光表　许多常见的测光表可以同时测量入射光、反射光以及点测光，摄影师可根据拍摄对象和拍摄条件进行最佳的选择。

有些测光表可以读出曝光值（EV值），并提供一组光圈和快门设置的组合。摄影师可以根据被摄物的情况和景深需要来选择合适的曝光组合。对于那些快速移动的物体，摄影师常常需要一个足以凝固运动的快门速度，这就需要一个大光圈的镜头以收容更多的光线。如果摄影师为排列成多行的家庭成员拍摄合影，他可能需要一个小光圈来得到大景深，而小光圈就需要更慢的快门速度，以记录更多的光线。

闪光测光表

闪光测光表用来测量来自闪光装置或者影室灯的光线。对于在影棚里工作的摄影师来说，它是必备工具，可以单独测量每个光源的照度，并得到合适的光比。

色温表　色温表可以测量拍摄场景中各个光源的色温。在商业摄影中，摄影师经常要通过测量色温来确保画面各部分颜色记录的精准。

控制色彩的反差会让你的摄影水平更上一层楼。

2.设备

根据拍摄对象的不同，所要准备的专业器材也大不相同。但是，深入了解各种设备的使用方法是非常必要的。通常新的设备会带来新的效果，在这一章节里，我们将会学习商业摄影师常用设备的使用方法。

相机

相机的种类繁多，而对相机的选择将会贯穿摄影师的职业生涯。我主要使用飞思和奥林巴斯的单反系列相机，这两家厂商生产的相机、镜头和软件可以通用。它们的数码文件的尺寸、每秒拍摄张数、储存介质、镜头素质、人体工学设计以及牢固程度都能够满足我的要求。而这些要求也正是你在考虑购买相机及其相关配件的时候需要考虑的东西。

当然，你也要确定你的器材能否满足不同摄影题材、流程以及预算上的要求。一套专业的摄影器材价格从6万~36万元人民币不等。这个价格可能会大大超出你的预算，但绝对物有所值。如果预算实在有限，也要确保相机的像素至少达到1200万，不然会显得不够专业。

闪光灯系统

选完相机，闪灯光系统是第二重要的设备。作为一个商业摄影师，你需要尽量配置顶级的灯光系统。不要图便宜，我比较喜欢Dynalite牌的闪光灯，体积小，输出功率大而准确，结实耐用。

闪光灯是大多数在影棚工作的摄影师对光源的首选。闪光灯在运行中发热量小，易携带，与数码相机中的日光白平衡或者传统的日光型胶片的白平衡能够高度匹配。种类繁多的闪光灯配件也是一个巨大的优势。

新的机型层出不穷，在选择机器时一定要了解清楚机器的性能是否能够满足需要。选择机器没有绝对标准，更多取决于你的喜好和预算。下图为奥林巴斯（左）及飞思（右）。

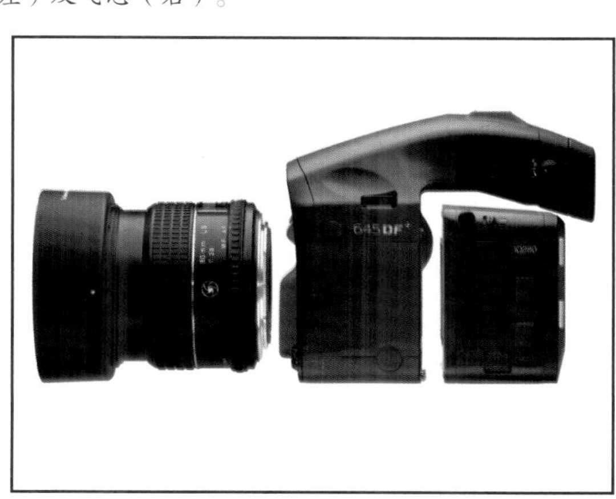

上图　Dynalit电源箱，可以接驳多只闪光灯。

下图　碟形反光罩和蜂巢栅格可以限制光源发射光线的方向。

一套强大的影室闪光灯组能够提供高质量的闪光和造型光。

电源箱

电源箱可以为多只灯头供电，并可以分别控制每只灯头的输出功率。在直流电或者交流电的环境下均可使用，外拍的时候甚至可以用车载电源给电源箱供电，大大有利于摄影师的工作。

一定要购买耐用且稳定性好的电箱——它们通常是放在影棚的地板上被粗暴使用。

碟形反光罩是灯光组件的重要组成部分

闪光灯组配件

我建议你购买一套太阳能发电机来为交流电闪光灯组件供电。这样可以保持拍摄环境的安静。你也可以使用影棚里的电力更强、更稳定的电源箱插座。

反光罩　碟型反光罩是灯光组件中的重要组成部分。没有反光罩，你的灯容易损坏，而且灯的修理费用昂贵。当然，反光罩不仅仅用来保护灯头。这些造型工具还可以用来塑造你想要的补光、高光或者如同直射太阳光般的效果。灯越贵，配件也就越贵。每个灯头都应该有一个相配套的反光罩。

在反光罩上还可以安装各种配件，比如束光筒、四叶片和蜂巢栅格。

束光筒　束光筒是可以有效控制光线的照射方向和范围的光线造型工房，而且可以方便地接驳在任何灯头上。形状上分为圆锥、圆筒和矩形。束光筒可以防止光线的扩散，从而把被摄物体凸出出来。

四叶片　四叶片不影响光质，只影响光源的形状。当四叶片在垂直方向或水平方向被打开或大或小的角度，光线透过四叶片之间的空隙射出，光源的形状因此受到影响。当4个方向的叶片都折叠起来时，光源成方形（这种打光方法可以有效地把注意力引导到被摄体上，把视觉焦点和背景分离开来）。

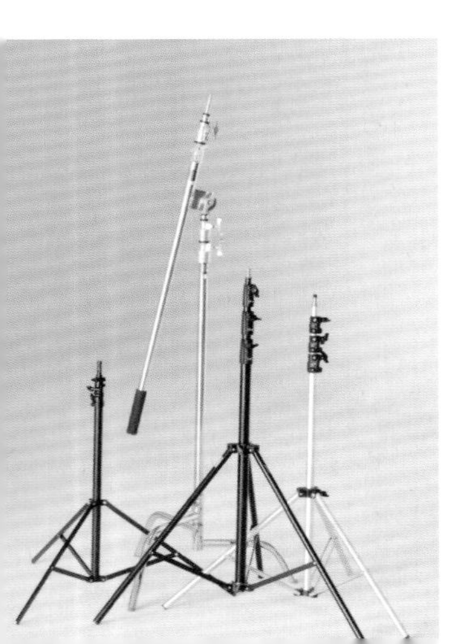

左图　承重好的灯架非常重要。我们一般用银色的灯架来支灯，黑色的灯架来支反光板及背景等。

右图　柔光箱就是在灯前放置一定面积的柔光布来柔化光线。图中是大小各异的柔光箱。

蜂巢 蜂巢一般安装在反光罩或者柔光箱的内侧，主要用来限制光线的散射，并使之沿直线传播。比较常用的蜂巢有10°、20°、30°和40°四种，也有厂商提供5°的蜂巢。度数越小，发光范围越窄。

柔光箱 柔光箱的构造就相当于在光源前面放置了一块大的柔光布。柔光箱因为形状、大小和内径深度的不同而有很多种选择。最好为购买柔光箱准备充足的预算，推荐Chimera这个品牌。

Dynalite牌的闪光灯室内外两用套装。

在摄影棚里有可能用到的各种夹子，它们的用途在第4章有详解。

伞 伞型造型工具往往被夹在灯头上，伞的内部用银色或金色的内衬反射出冷光或者暖光，也有的伞会在金色或者银色的内衬外面再套一层白色柔光布用来扩大光源面积，营造更多的散射光，但是并不影响光线的颜色。伞反射灯头发射出来的光线，营造出一个大而柔和的光源。

灯架

灯架一定要结实耐用并能够承受灯头或者其他独立式造型工具的重量。质量差的灯架可能会倒下来伤到工作人员，你的职业生涯也许就结束了。

伞反射灯头发射出来的光线，营造出大而柔和的光源

灯架一般有黑色和白色两种颜色。我一般用黑色的灯架来支撑反光板和柔光屏等；用银色的支架来架灯。这种区分便于我与新进的摄影助理更好地合作。

独立式造型工具

旗板 这种白色的柔光屏由一个钢制的边框（1.2m×1.2m）和柔光布组成，是灯光组件的重要组成部分。当把它放在灯头前方时，就可以营造出一个大型的柔和光源。前面所讲的柔光箱，从灯头到柔光布的距离是一定的，而灯头与柔光屏的位置则可以任意调整，这就可以营造出精准、专业和个性化的灯光效果。

Chimera牌的柔光屏大而结实耐用，但进行单面镜头摄影时就不够小巧了，闪光灯就好像贴在柔光板前一样。

左图 柔光屏也是本书布光场景中最常用的设备。它轻便，比起柔光箱也更多变和精准。

右图 通过在灯前放置遮片，你可以在被摄物体或场景上投射出各种图案的光影。Chinera公司的套装能使你快速变换图案。

器材选择

下面是我的摄影工作室的设备清单，这本书里的很多插图都是用下面这些设备拍摄完成的。

购买之前要仔细斟酌，因为好的设备价格也高。我对以下器材的选择是基于我多年作为职业摄影师使用设备的广泛经验，没有设备厂商付钱给我推荐如下产品。

相机

玛米亚 645AF 机身
飞思H5 数码后背
飞思 645DF＋机身
飞思IQ180 后背
奥林巴斯 E500
佳能D1
佳能5D
奥林巴斯 E-3
奥林巴斯E-5

镜头

80mm镜头
35mm镜头
120mm镜头
12-60mm镜头
14-45mm镜头
24-70mm镜头
40-150mm镜头

摄影支架

Foba Asaba重型支架
Triton filed 三脚架
6个 11′Bogen牌支架（型号B0336）

灯光

3组 speedotron 1205cx灯光套装
6个 Speedotron 灯头
2组 康素 Porty 1200 电源箱
4个 康素灯头
3组 Dynalite 1000W Roadmax 电源箱
6个 Dynalite 灯头

灯架和夹子

6只 Speedotron低灯架
6只 TCI 夹子
2只 曼富图大力夹
Avenger 魔术腿
Avenger 魔术臂
橙色 配重（约6.8kg）

光线造型工具

Chimera 柔光箱：中型
2只条形柔光箱
Plume 方形柔光箱
Plume 圆形柔光箱

柔光屏

Chimera柔光屏
2块 6″× 6″
4块 4″× 4″
2块 8″× 4″
相应大小的黑色、金色、银色的布以及柔光纱布

电脑

2台苹果G5s（视频编辑和Photoshop后期）
2台苹果 iMac（摄影师办公用）
2台苹果 Mac Mini（销售和付款）
17″ iBook 2.66GHz CPU DVD/CD刻录光驱 500GB硬盘
4个2TB硬盘（备份数据）

线缆 / 同步

4根同步线
8根火线
普威 引闪器
2个光学接收器

打印机

惠普 20ps
爱普生打印机
柯达打印机
爱普生亚光相纸打印机

车间工具

锯木机
切割锯
2把无绳电钻
钢锯
圆锯
刷子、油漆滚筒及托盘
螺丝若干
铁皮剪
棘轮
4个锯木架

钢架边框非常牢固且不易损坏。这些造型工具可以被用作反光板阻挡掉不必要的光线。你也可以用多个旗板组合成一个移动的更衣室或者小型帐篷来保护工作人员。

这些造型工具可以被用作反光板阻挡不必要的光线

反光板　反光板一般是用来反射光源的直射光，使被拍摄物体的某一部分增加一定亮度。在我的棚里，我们一般用白色的纸板和泡沫板。

黑卡　黑卡一般放置在光源与被拍摄物之间，用来遮挡部分光线。你可以用黑色的泡沫板或PVC板作为黑卡。黑卡是摄影棚常用的遮光工具之一。

如果你有大面积的均匀照明的背景（例如，室内摄影），也许你会想用遮片（经常被叫作“曲奇”）——一种具有各种镂空形状的板，在背景上制造各种阴影图案，从而使背景富有光影变化。可以用它来模仿树叶、玻璃窗或者只是一种抽象制作的斑驳的光影效果。这种遮板可以在器材商店买到，你也可以自己用黑泡沫板制作。

镜子　镜子对于具有创意性的摄影照明来说，是非常重要的工具。你可以直接针对所需要的局部区域加光，而不影响整体照明。建议摄影师准备各种大小和形状的镜子以备不时之需。

柔光屏　柔光屏可以由各种颜色（白色、银色、金色及黑色）和大小的柔光材质构成。在这本书里，我们讲到旗板时都是指柔光屏。

上图　我正在与模特交谈，为随后开始的拍摄做准备。

下图　大型拍摄之前，我的同事拍摄了坐在拍摄场景中间的我。

3.光位图

光位图会帮助你轻松把握多种多样的商业用光风格，以展现产品及模特的最佳效果。光位图简洁易懂，一份手绘的示意图就能够标示出每个灯光的位置，而最终的照片又能够展示出这种灯光设置所达到的效果。以下三个方法就能够达到想要的效果，而且帮助你发展自己的用光风格，解决问题直至成功。

接下来，将会有很多光位图可以用来指导你照亮房间、勾勒汽车外形、拍摄小型静物和肖像等。

柔光屏概览

当利用柔光屏拍摄的时候，你能够精确控制灯光角度，因为灯头可以在柔光布后面上下左右来回移动，而装置在柔光箱里的灯头总是处在柔光布中心（P1）的位置。

翻转柔光屏能够影响光通过柔光屏幕的方式。当柔光屏水平放置时（图表的中心），这是一个大而均匀的光源。随着柔光屏翻转，光发生折射，形成一个渐变型的光源，会产生戏剧效果且有很高的辨识度。

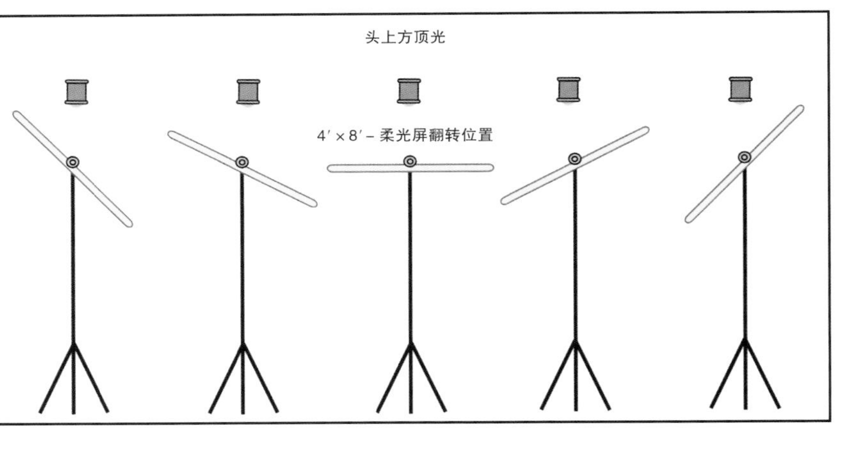

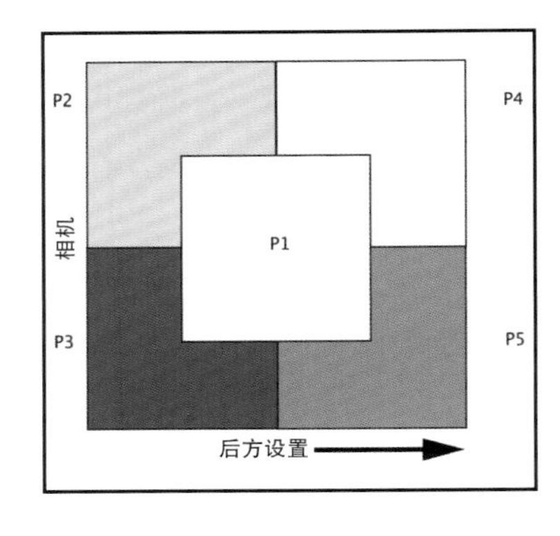

这些图示代表的是翻转灯头或用柔光板来改变光效的方法。旋转柔光板后的灯头，能够产生光效上的细微变化。

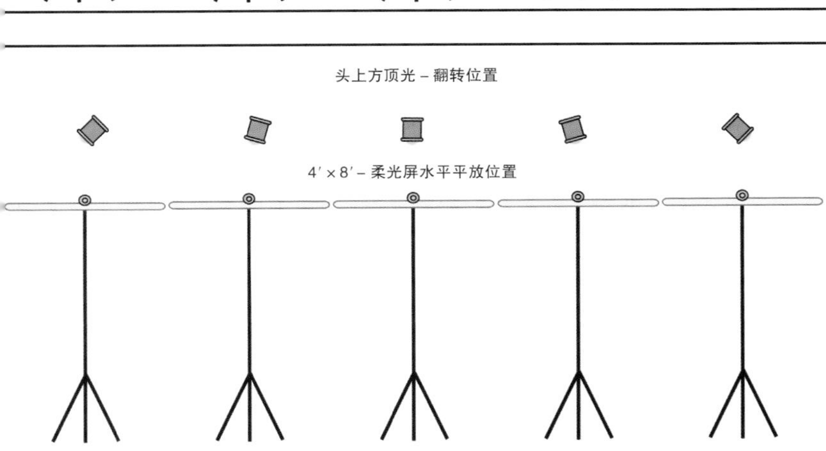

这张图显示了灯头在1.2m×1.2m见方的柔光屏前可放置的5个位置。

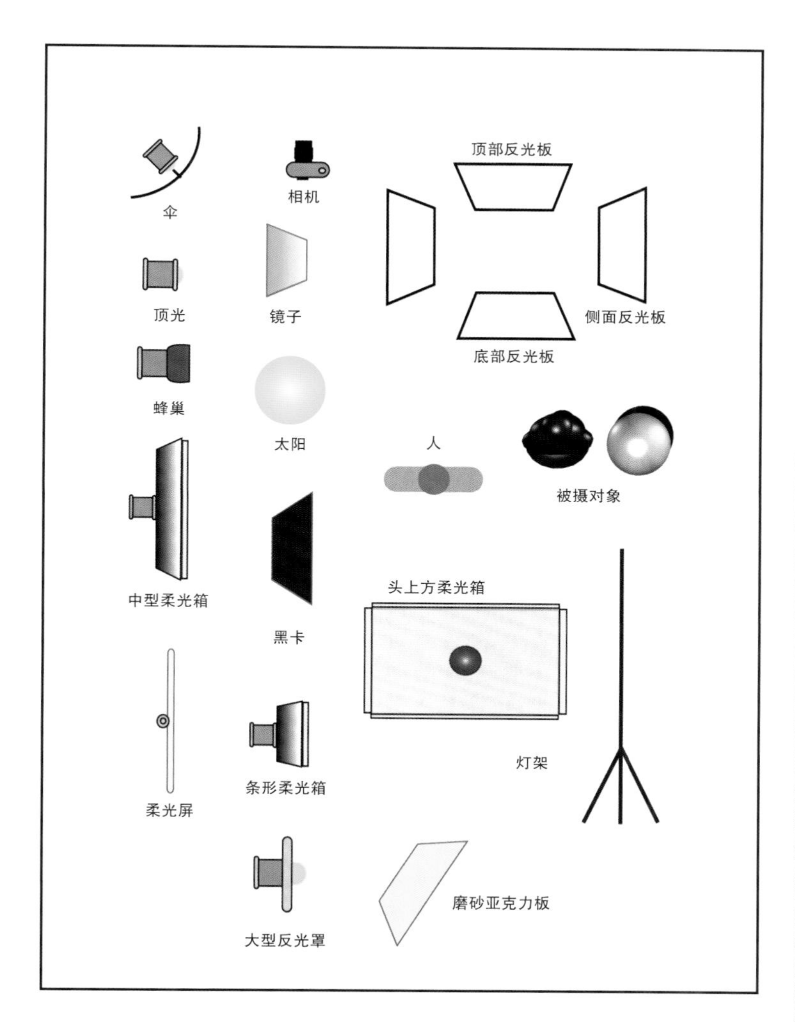

这张示意图展示了本书中的光位图里将要用到的大多数主要设备的图例。

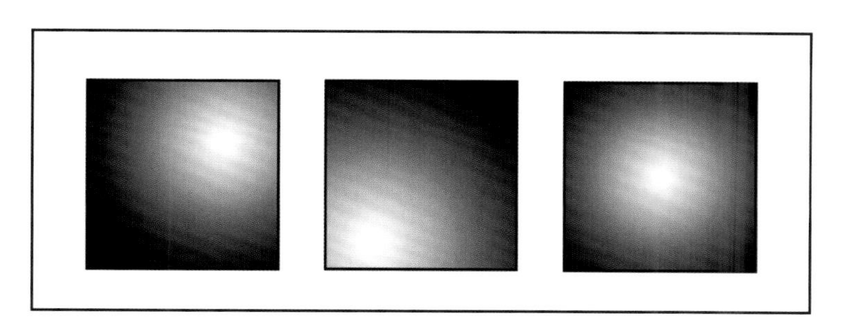

这三张方图显示了光线通过柔光屏的三种方式。从左到右分别是P4（上偏左）、P3（下偏左）、P1（中心）。光线通过柔光屏的时候，从灯头的中心到边缘渐渐扩散，摄影师可以利用这种细致入微的照明效果来创作。

灯光速记符号

下面是在本书中的示意图中用到的各种设备的简称。

BB——底部反光板
TB——顶部反光板
SB——侧面反光板
G10——10°蜂巢
G20——20°蜂巢
G30——30°蜂巢
G40——40°蜂巢
CB——天花板反射光
MR——镜子
OH——顶光
P1——灯头指向柔光屏中心
P2——灯头指向柔光屏中心上偏左的位置
P3——灯头指向柔光屏中心下偏左的位置
P4——灯头指向柔光屏中心上偏右的位置
P5——灯头指向柔光屏中心下偏右的位置
UMB——伞
SBX——柔光箱（MD/SBX表示中号柔光箱，LG/SBX表示大号柔光箱）
L1，L2，L3等——灯1，灯2，灯3等。灯1是最接近相机的光源，在左侧；拍摄空间里顺时针方向的第2只灯就是L2；L3就是第3个光源，依此类推

4.摄影棚设置

在设计摄影棚时，要将其当作一个工作空间来设计。要有一个舒适的客户休息区，一个保存数据及幕后工作的私人领地，一个方便客户欣赏作品及订购作品的区域。此外，你还需要休息室和储藏室。干净整洁高效的摄影棚会给客户专业的印象。反之，客户会认为你只是一个入门级的摄影师。

这张照片展现的是我棚里经常用到的静物台。

简易静物台

设置简单产品拍摄台的工具单

锯木架两个

1.2m×1.2m见方的木板

灯架2个

背景杆

亚克力板长2.4m×宽1.2m

A型夹子3个

Bogen牌大力夹3个

如何设置一个简易的静物台

在许多商业摄影棚里，中小型的产品都会放置在一个静物台上进行拍摄。在两个支撑架上放置一块1.2m×1.2m木板（可承重90kg），台子后方放置两个小背景支架，架子上放置背景架横杆。在这里，再使用夹子把1.2m宽的亚克力板（而不是背景纸）固定在背景架的横杆上，并呈弧形放置在木板上。这种设置易于组装，拆卸方便，所有部件易于保存，以及用于其他拍摄场景的搭建。

另一个好处是这套装置具有多样性，你可以随时替换各种颜色和纹理的背景。好好设计一下装置，可以让调整背景变得非常容易。如果使用金属或玻璃台面，让背景离台面一两英尺远，你可以进行简单经典的产品拍摄。

静物台面有很多昂贵的可替代品，但这里只花了100美金（约合人民币640元，支撑架和亚克力板是最贵的部分），就能让你高效地拍摄各种产品。我用这套设置拍摄过整套的产品目录。

小贴士：在客户到达之前，就把拍摄台准备好，在头脑中设计好基础的灯光计划，给客户准备一把椅子这会让客户感觉宾至如归。

大型拍摄台

许多产品的拍摄需要大而复杂的拍摄台设置，在组装时要确保台面牢固且能够承载产品的重量。当你在拍摄台上摆置好几个产品时，一定不想拍摄台会凸起或者因为不能承重而坍塌。我曾经亲眼见过一些因设计不好的拍摄台而毁掉了整个拍摄的情况。你同时还要确保摄影师和客户都能够进入拍摄场景中调整产品的位置等。最好是在拍摄台设置好了以后再摆放灯光。

确保摄影师和客户能够进入拍摄场景中调整产品的位置

为了建立大型的拍摄台，首先准备好4个锯木架和两块空心的门板。门板要求没有把手，一般200多元钱就可以买到一块。这种门板轻而稳固，不易弯曲，可以随时刷漆。当然，你需要更长的背景杆和更大的灯架来固定亚克力板。

这种设置安全预备性强且成本低，可快速拆装。与小型静物台一样，如果空间有限，也很方便储藏。

小贴士：拍摄前请客户列好要拍摄产品的清单；向客户展示这次拍摄可能产生的效果，具体产品以及构图。如果场面复杂，产品数量多，你可能需要一个专门的造型师来处理这些问题。去构思创意，不要去想拍摄台。只要拍摄台不会垮掉，且能让你拍出令人满意的照片就可以了。

设置大型拍摄台工具单

木支架4个
空心门板2个
大灯架2个
背景横杆
大型背景纸筒
中号A形夹3个
曼富图大力夹2个

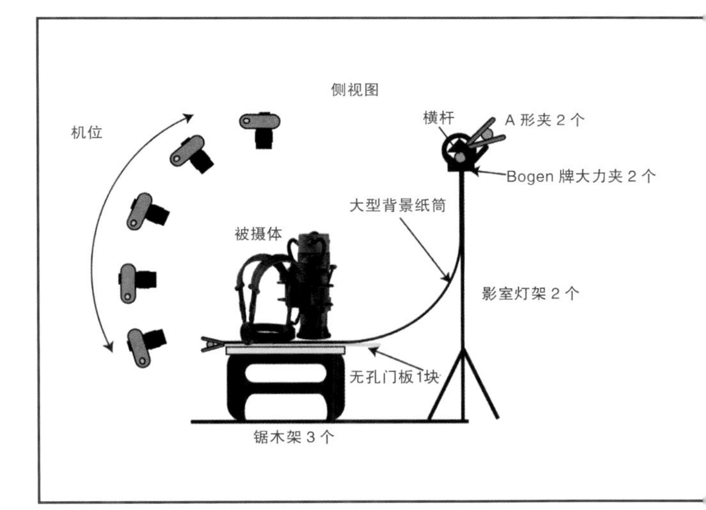

该图标明了大型拍摄台所需的设备。

可以用如下布光方法为一个空间照明

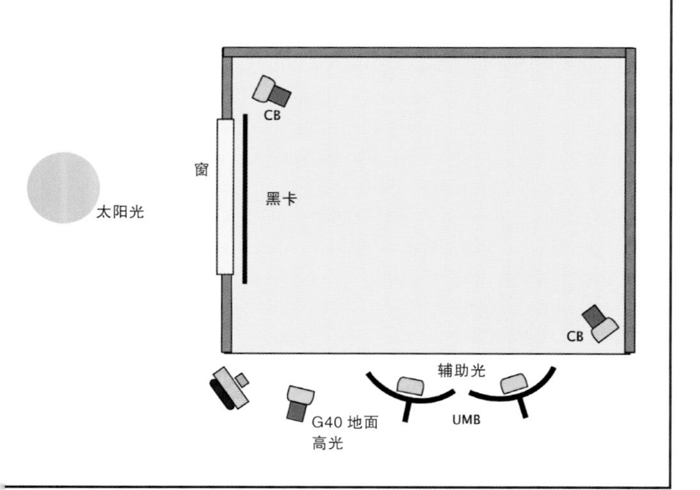

拍摄间配置清单

2.4m或更高的灯架
伞
蜂巢栅格
三脚架
大型黑卡
大型跳闪卡
清洁剂

拍摄空间设置

摄影棚里第二大的设置就是背景和拍摄空间的设置，比如一个大的弧形背景和道具。有时候这种空间需要提前用油漆粉刷均匀，并在拍摄前做好周密的计划并对客户沟通好的需要了如指掌，确保当客户抵达时能够如期开工。

要消除可能的反光，
可以从侧面为被摄物照明

拍摄空间要求简单易用。在拍摄中常常会有模特参与，工作人员有时需要进入拍摄区域调整一下造型。所以，你必须确保不会有器材跌落伤到任何人。确保所有的电源线都用强力胶布贴在地上，所有的架臂和灯架都用上配重。把人工背景用夹子夹好，确保不会掉落。如果有什么东西掉下来伤到人，那是摄影师的责任，与助理，更与客户无关。

左边的示意图展示了包括天花板跳灯、带蜂巢的直射光、反光伞、照相机、黑卡纸和太阳光的位置。我没有标示出灯光及其他设备的电源设置及规格，这样的灯位图仅仅是告诉你如何布光，光比和反差则取决于你自己。

反光板设置（玻璃板/亚克力板）

将一块1.2m见方，0.95cm厚的钢化玻璃放置在两个锯木架上就可以搭起一个简易、干净而有效的拍摄台。我们把产品放在钢化玻璃上，并在玻璃下方放置泡沫板可以加强反光效果。或者根据客户要求放弃泡沫板，或者把背景放置在以一定角度斜置的泡沫板上。

玻璃板的反射率比较高。任何放置在玻璃板上方的闪光灯发射出的光线都会受到玻璃板的反射。为了限制反光，可以从侧面布光。有些时候，产品的倒影并不是一个糟糕的选择，反而有时候能够加强照片的表现力。如果你正使用顶灯照明，可以利用反光板给产品正面补光。

在下方放置灯光可以将产品、玻璃板和背景分离开来。

反光产品静物台搭建工具

锯木架2个
1.2m×1.2m的钢化玻璃（0.95cm厚）
大支架2个
小支架4个（用于支灯和柔光板）
泡沫板
罐装空气
玻璃清洁剂

增强底光，会产生一种超现实的效果；减弱底光，则会有阴郁的反射效果。想拍摄无影效果，可以用无光泽的亚克力板来替代玻璃。

搭建低成本拍摄台

在搭建拍摄台的时候要考虑客户的预算。缜密的计划可以节省费用，如果你能为客户省钱，他们便会是回头客。

搭建拍摄台时
一定要考虑客户的预算

实际上有许多方法来创建低成本拍摄台。一个简单的方法就是事先策划好要执行的拍摄方案。这样做可以让你和客户准确理解最后的拍摄究竟需要哪些东西。你可以和客户一起浏览你曾经的作品，建议他们使用现有背景中的现成材料。

布光方案也应当在这个时候呈现给你的客户。很多时候客户是希望在背景中有阴影和高光的变化。如果你正在搭造一个大的拍摄区域，请记住其最终目的是使被拍摄的人或产品看起来更漂亮。铭记一点，你就会与客户保持长久的合作关系。

低成本的工具组合

钣金	泥土
门	沙
漆	草
墙板	石头
手工纸	砂砾石
喷涂泡沫	地毯边角料
镀铬管	帆布
黄铜管	棉布
旧轮胎	砖
旧木板	瓷砖
电脑配件	福米加塑料贴面
电线	亚克力板
电缆	玻璃

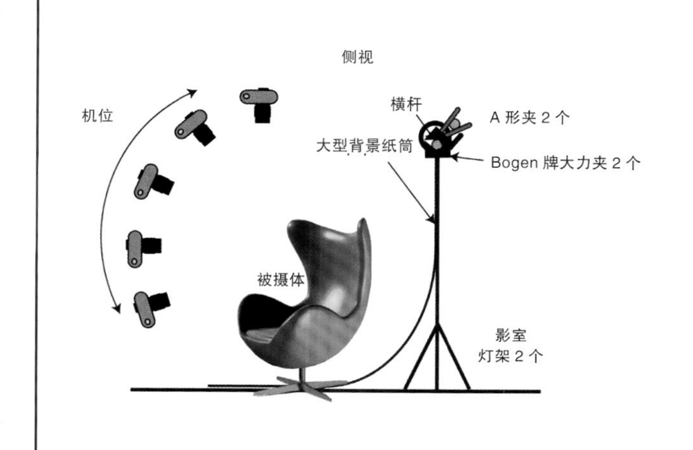

这张图展示了如何用上文提到的简单材料在场地进行拍摄的有效方案。

5.柔光屏

柔光箱多年来一直在摄影师的工具箱中占据着主要地位。这些造型工具使光线变得柔和、扩散、美观。对于大多数柔光箱来说，唯一的缺点是，光总是在柔光箱的中心。这意味着如果要将光线调整均匀，你必须要移动整个柔光箱。

通过使用柔光屏（一个采用钢架的大的白色半透明面板）扩散灯光，除了要更精准地加以控制，你会制造出非常柔和的光效。当使用柔光屏时，灯可以定位在表面的任何一点。相反，你可以将闪光灯保持在一个静态的位置，然后移动柔光屏，甚至可以将黑纸放在面板上来控制和遮挡光线。

设置

柔光屏可以快速组装，存储方便，外拍的时候可以当帐篷或者更衣室使用。这些修饰工具我都非常喜欢。它们在本书中所介绍的照明场景中发挥了很大的作用。

下图展示了用于拍摄排球的静物台设置的侧视图。两个塑料锯木架上搭一块1.2m×1.2m的木板，用A形夹固定背景是福米加塑料贴面，用两个A形夹固定在两个背景架上。

这次是要拍一个排球，用灰色的球标示。相机在拍摄台前方。相机图示显示了各种可能的拍摄角度。

这个设置是用来拍摄作为本章实例的排球。

侧视
横杆
机位
A 形夹 2 个
福米加塑料贴面
被摄体
影室灯架 2 个
4×4 板
A 形夹 2 个
锯木架 2 个

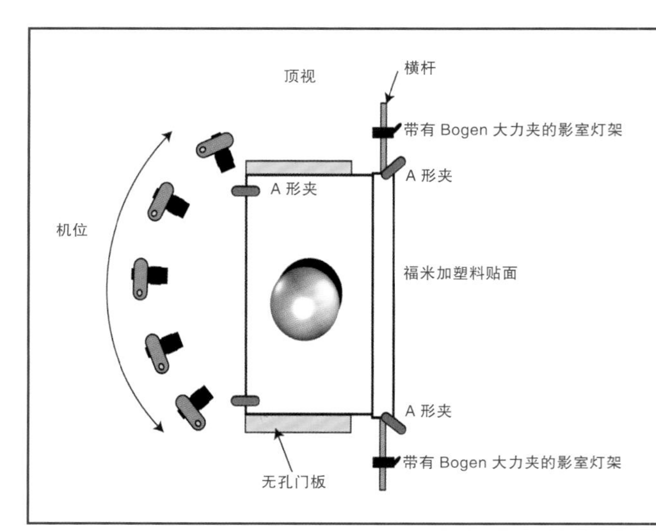

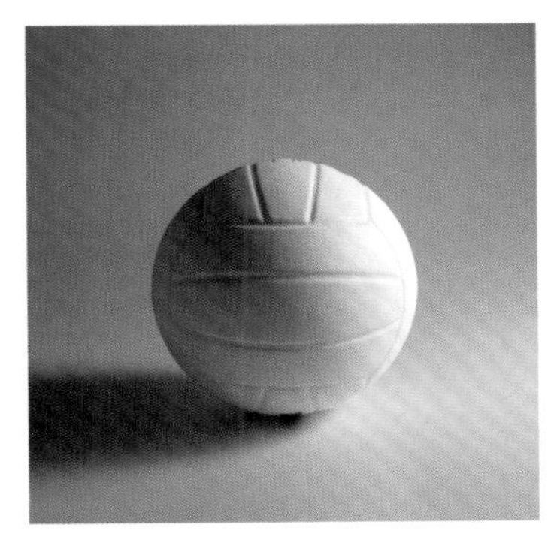

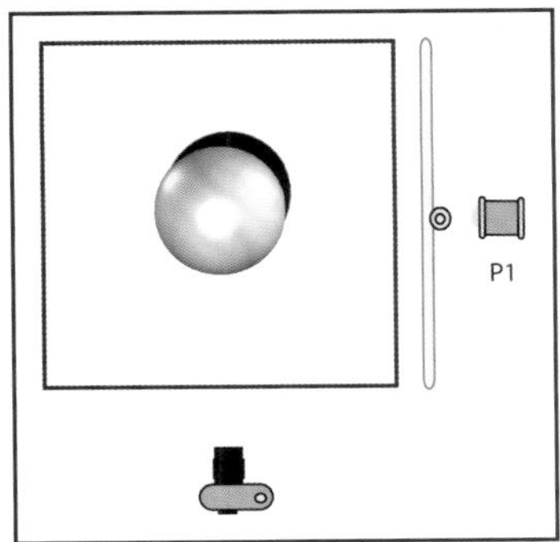

柔光板置于拍摄台右侧，平行于拍摄台。闪光灯位于柔光板的中心，即P1位置。在这个画面以及整个系列画面中，闪光灯都是全功率输出，相机固定安装在一个影视支架上。请注意球体有明确的亮面和暗面，你能看到表面的细节。球与桌子的接触点有较暗的阴影，形成了一个明确的接触区，由此产生了立体感和纵深感。注：本书中的排球图像由贾斯汀·莱韦特拍摄。

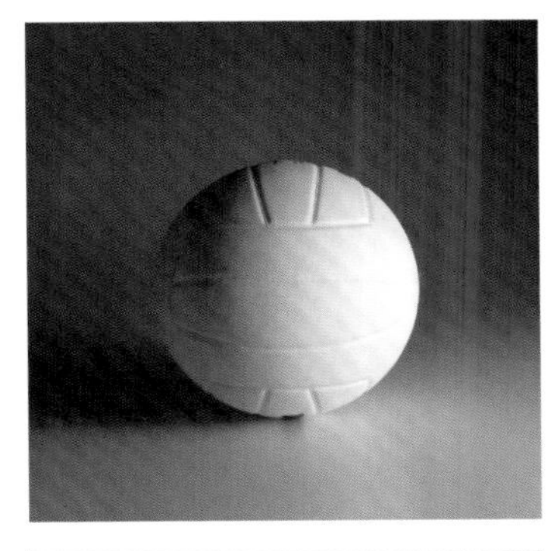

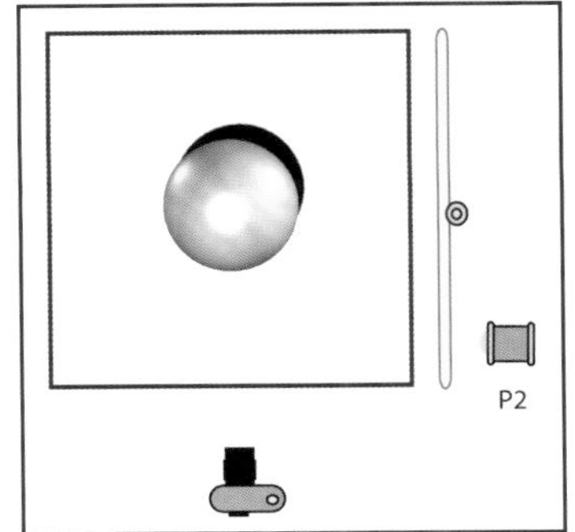

柔光板置于拍摄台右侧，平行于拍摄台。闪光灯位于柔光板的左上角，即P2位置。与其他灯光结合的话，这可以是一个很好的补光照明。

由于闪光灯放置在了柔光板的顶部，向下投射的照明分散了。球的纹路和桌面接触点的影子很清晰。然而，更多光线照射在拍摄台和排球之上，立体感被削弱。

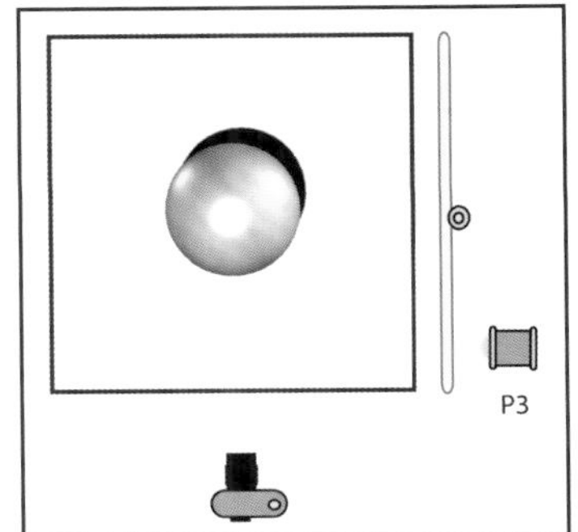

柔光板置于拍摄台右侧，平行于拍摄台。闪光灯位于柔光板的左下角，即P3位置。如果这个灯被柔化，这将是非常好的主灯的起始位置。

这样的设置使得球体的立体感和纵深感得到增强。柔光板底部的光线向上扩散，更多光线穿过拍摄台，少量的光投射在球体上。在与桌子的接触点上有一道阴影，球侧面的纹理细节减少了，而拍摄台后方的背景更暗了。

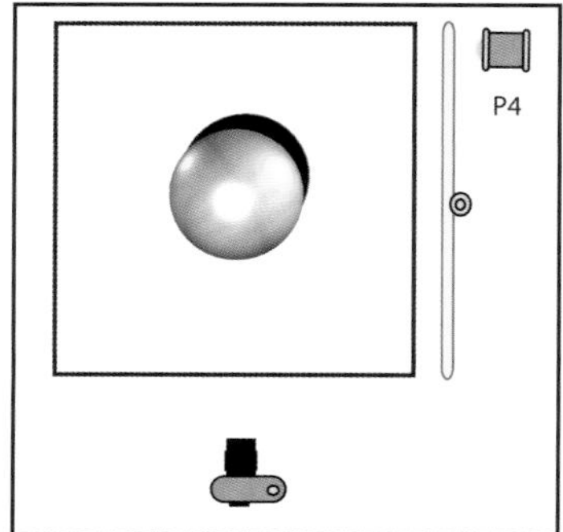

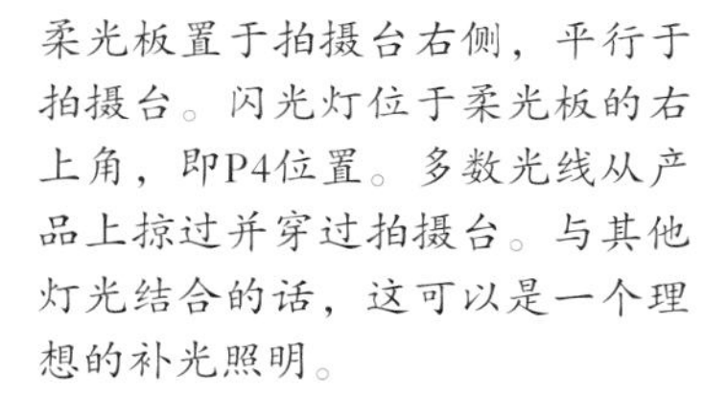

柔光板置于拍摄台右侧，平行于拍摄台。闪光灯位于柔光板的右上角，即P4位置。多数光线从产品上掠过并穿过拍摄台。与其他灯光结合的话，这可以是一个理想的补光照明。

球的立体感和纵深感变得柔和了。光线从拍摄台后方射来，照亮了球的后部。白色亚克力背景板成了一个跳闪卡，作为补光照亮了球体上我们能看见的一些部分。接触点的阴影仍然很强，不过移到了前面。

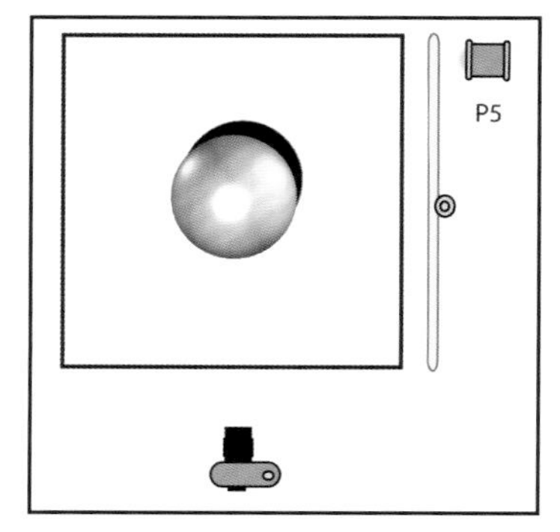

柔光板置于拍摄台右侧，平行于拍摄台。闪光灯位于柔光板的右下角，即P5位置。多数光线从球体通过并穿过拍摄台。灯光置于拍摄台的后部位置，照亮了球的后部。灯光离得足够近，功率也足够大，能够照亮球体，然而由于没有跳闪卡，衰减很快。接触点的阴影仍然很强，不过移到了前面。球的立体感和纵深感有所增强，但纹路不是很分明。与其他灯光结合的话，这可以是一个理想的高亮照明。

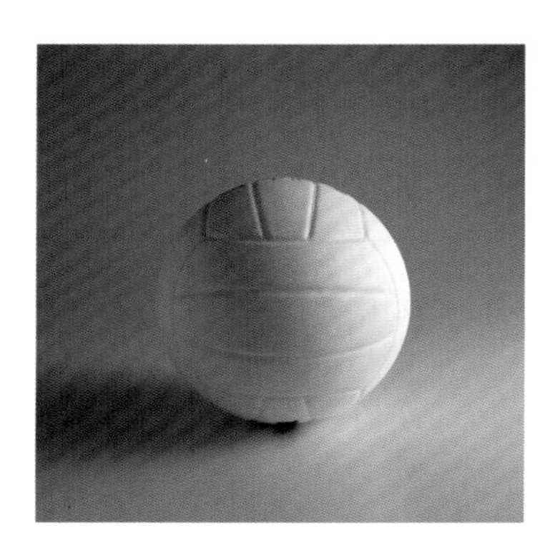

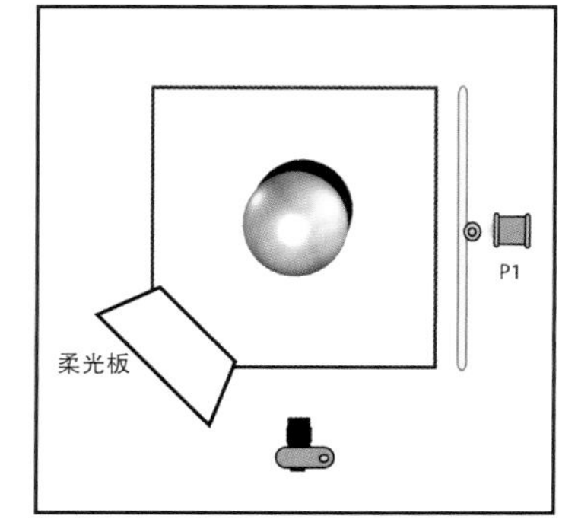

柔光板置于拍摄台右侧，平行于拍摄台。闪光灯位于柔光板的中心，即P1位置。一块跳闪卡置于拍摄台左侧，照亮暗部区域，防止产生新的阴影。

由于光线照射在了球体的两侧，球的立体感和纵深感减弱了。不过立体感还是有的，因为一侧的光线仍然更强一些。球的纹路显得更平坦，但可见性更好，因为不会隐藏在阴影里了。背景光线仍然很弱。接触点的阴影移到了侧面，由于有跳闪卡反光，阴影也变得柔和了。

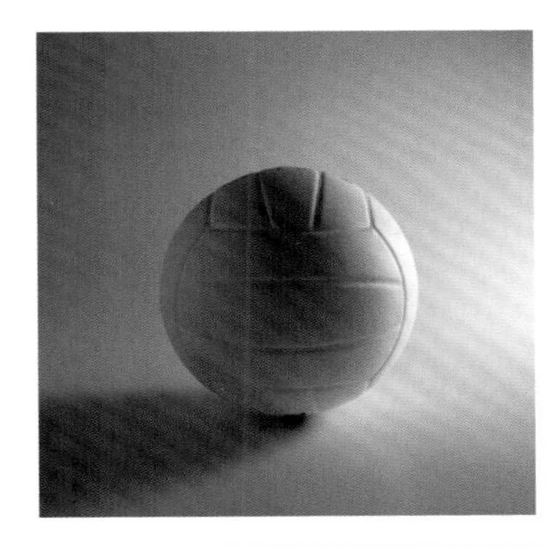

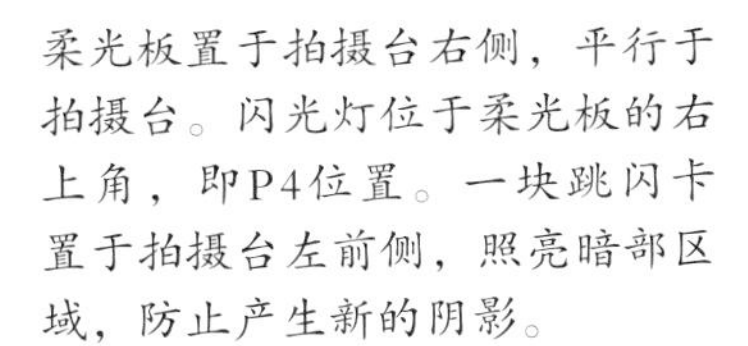

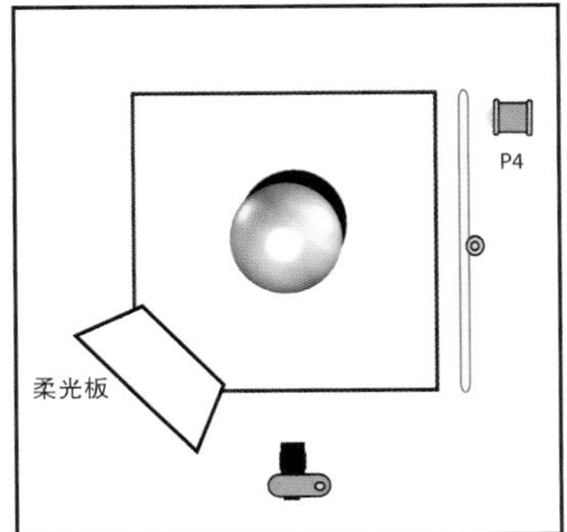

柔光板置于拍摄台右侧，平行于拍摄台。闪光灯位于柔光板的右上角，即P4位置。一块跳闪卡置于拍摄台左前侧，照亮暗部区域，防止产生新的阴影。

由于光线照射在了球体的两侧，整个画面看上去更平淡灰暗。球的纹路显得更平坦，可见性也较差。微弱的光线使得球显得不那么圆。背景光线仍然很弱，并且接触点的阴影更暗。由于光线没怎么被跳闪卡反射过来，球体侧面的阴影很硬并且衰减很快。

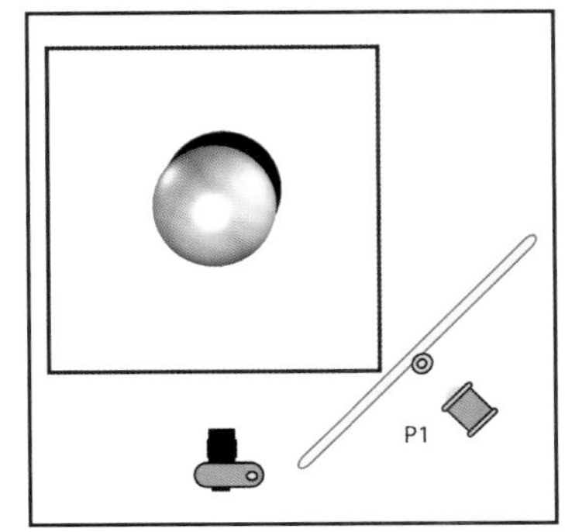

柔光板置于拍摄台右前侧，闪光灯位于柔光板的中心，即P1位置。这是一个非常好的主灯的起始位置。

由于光线照射在了球体的前侧，球的立体感和纵深感都增强了。画面整体看上去主体的三维能从背景上很好的分离出来。球的纹路显得更平坦。一个生硬的阴影落在球体的侧面，较长且暗。球体上能分辨出明确的高光点，观看者的目光先会落在该区域。

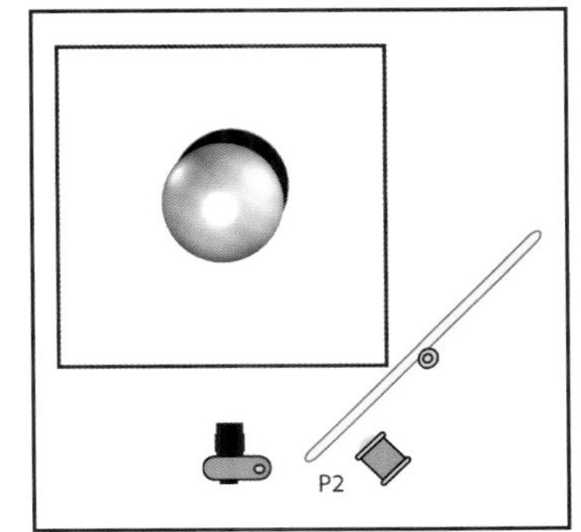

柔光板置于拍摄台右前侧，闪光灯位于柔光板的左上角，即P2位置。与其他灯光结合的话，这可以是一个很不错的辅助光。

球的立体感和纵深感都减弱了，因为光线很平均地照射在了球体上。由于主要光线掠过球顶部穿过拍摄台，画面显得灰暗单调。主体画面看上去像是二维的，从背景分离得不够明显。球的纹路显得更平坦。一个生硬的阴影落在球体的侧面，较短且暗。

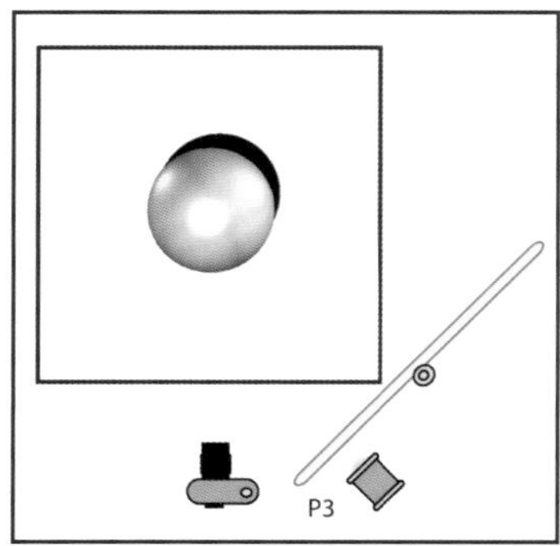

柔光板置于拍摄台右前侧，闪光灯位于柔光板的左下角，即P3位置。如果放置第二盏灯，我们可以将球的后部照亮，以从背景中分离出来。

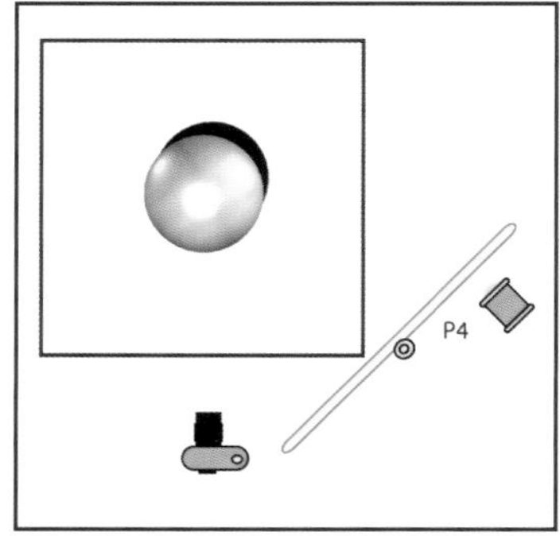

柔光板置于拍摄台右前侧，闪光灯位于柔光板的右上角，即P4位置。

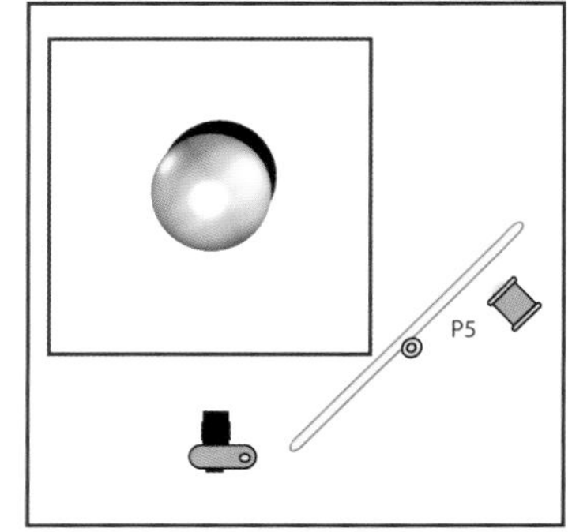

柔光板置于拍摄台右前侧，闪光灯位于柔光板的右下角，即P5位置。

球的立体感和纵深感都增强了，因为光线照射在了球体的前部。主体画面看上去是二维的，从背景分离得很明显。因为光线很亮，球的纹路显得更平坦。一个长而生硬的阴影落在球体的后方。球体上能分辨出明确的高光点，观看者的目光首先会落在这个区域。

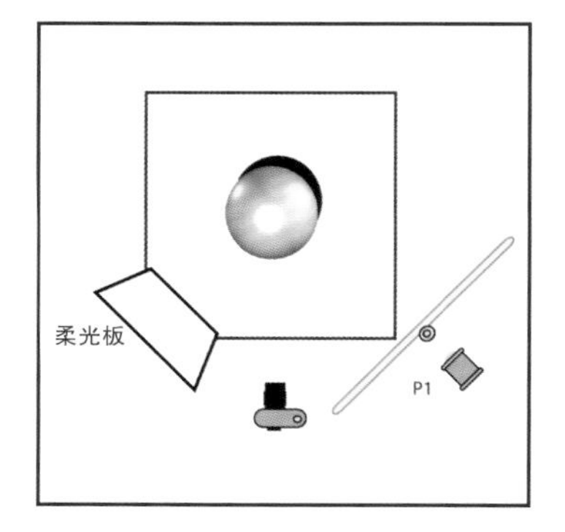

柔光板置于拍摄台右前侧，闪光灯位于柔光板的中心，即P1位置。一个跳闪卡以一定角度添加在拍摄台的左前侧。

两块柔光板平行置于拍摄台两侧。右侧闪光灯位于P1位置，左侧闪光灯也设置在P1位置，两盏灯调整为相同的输出功率。一个跳闪卡放置在相机与球体之间，把光线从球的下部反射上来。

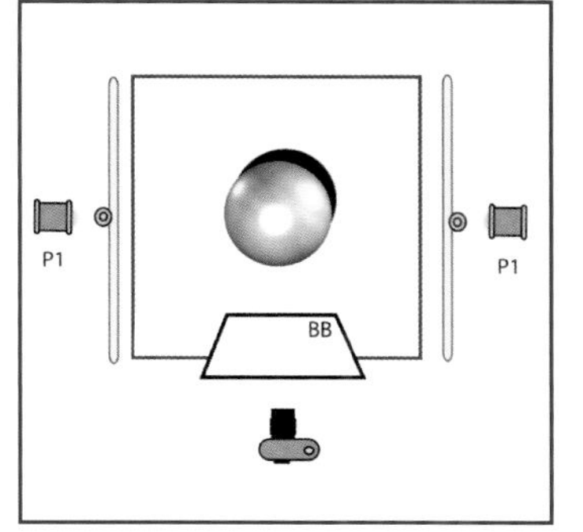

两块柔光板平行置于拍摄台两侧。右侧闪光灯位于P1位置，左侧闪光灯设置在柔光板左上角（P2位置），两盏灯输出功率相同。一个跳闪卡放置在相机与球体之间，把光线从球的下部反射上来。

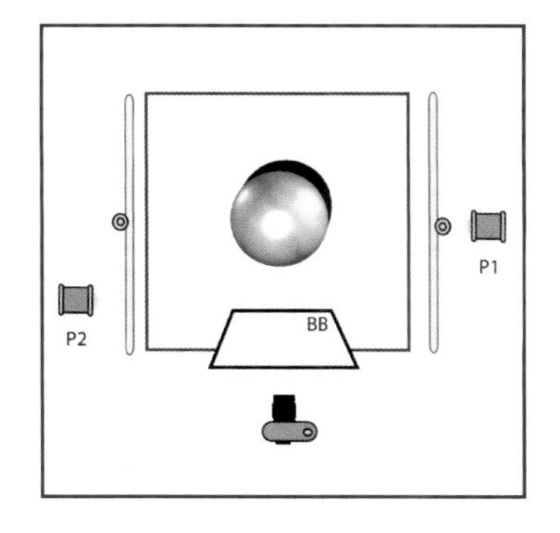

两块柔光板平行置于拍摄台两侧。右侧闪光灯位于柔光板左下角（P3位置），左侧闪光灯设置在柔光板左上角（P2位置），两盏灯输出功率相同。

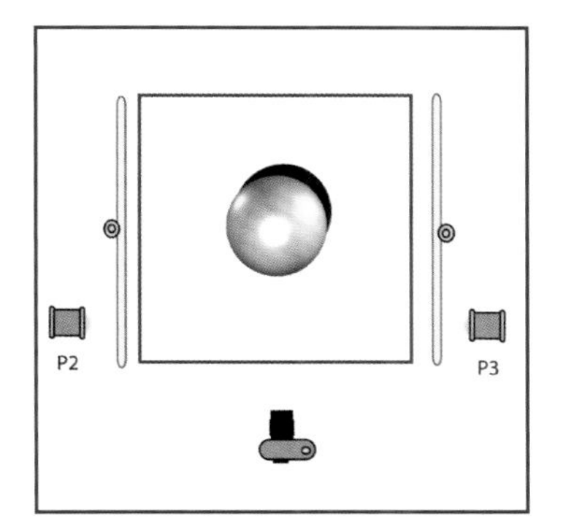

两块柔光板平行置于拍摄台两侧。右侧闪光灯位于柔光板右下角（P5位置），左侧闪光灯设置在柔光板右上角（P4位置），两盏灯输出功率相同。

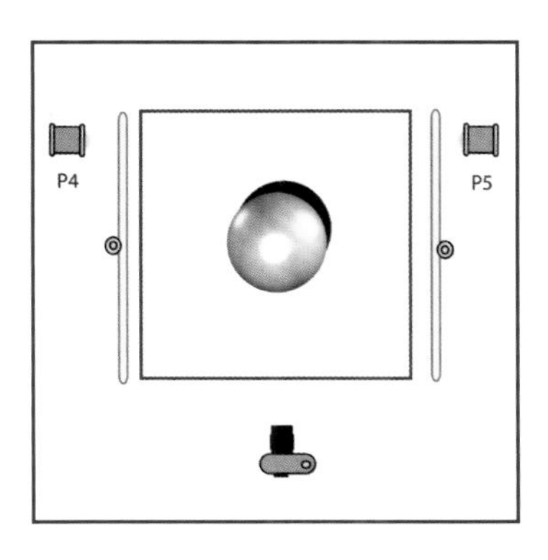

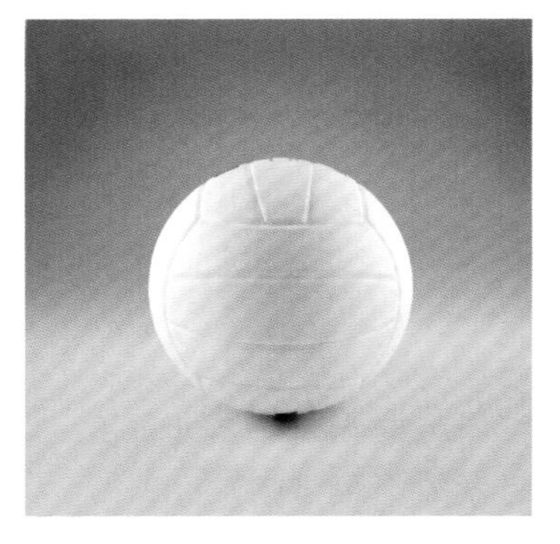

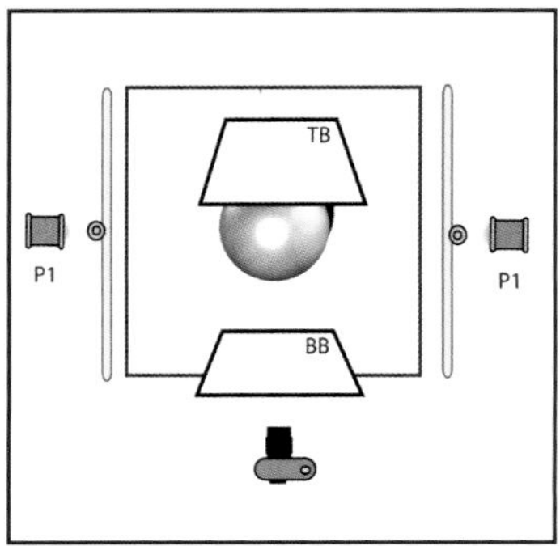

两块柔光板平行置于拍摄台两侧。右侧闪光灯位于P1位置，左侧闪光灯也设置在P1位置，两盏灯调整为相同的输出功率。一个跳闪卡放置在相机与球体之间，把光线从球的下部反射上来。第二块跳闪卡放置在球体上方，将光线反射下来。

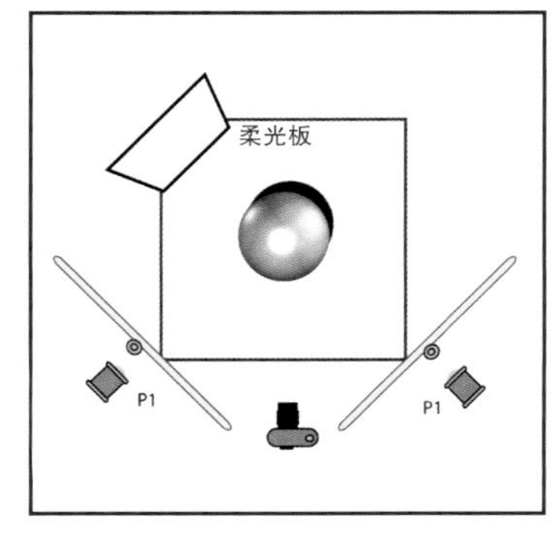

两块柔光板置于拍摄台的两个前角。右侧闪光灯位于柔光板中心（P1位置），左侧闪光灯也设置在P1位置，两盏灯调整为相同的输出功率。一个跳闪卡放置在拍摄台的后部，将光线反射到球体的后侧。

两侧等量的照明让球体和背景显得平淡，整体缺乏阴影降低了立体感。排球的纹路很容易看清楚，但是接触点的阴影不明显，很难判断出球体的重量和体积。跳闪卡让光线在整个球上变得平均。

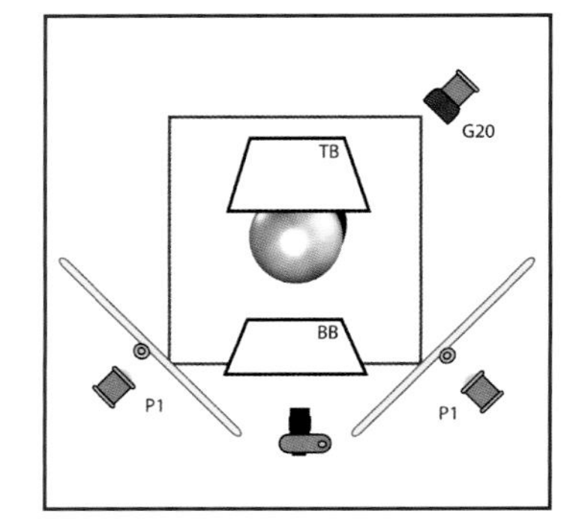

两块柔光板置于拍摄台的两个前角。右侧闪光灯位于柔光板中心（P1位置），左侧闪光灯也设置在P1位置。背光灯安装了20°蜂巢栅格，朝向球体的顶部。3盏灯输出功率一致。一个跳闪卡放置在拍摄台的后上方，将光线从上到下反射到球体的后侧，这增强了表面的效果。一个跳闪卡放置在相机与球体之间，把光线从球的下部反射上来。高光将边缘从背景分离出来，随着光线的逐渐变化，球体保持着三维形状。

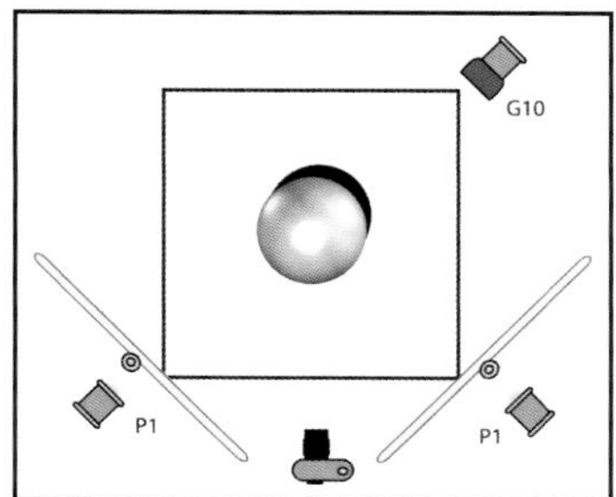

两块柔光板置于拍摄台的两个前角。右侧闪光灯位于柔光板中心（P1位置），左侧闪光灯也设置在P1位置。背光灯安装了10°蜂巢栅格，朝向球体的顶部。3盏灯输出功率一致。球体显现出三维立体感，前面的纹路显得很清晰，并且球体右上方后部边缘的高光增加了纵深感，并从背景中分离出来。能感受到球的重量和体积。

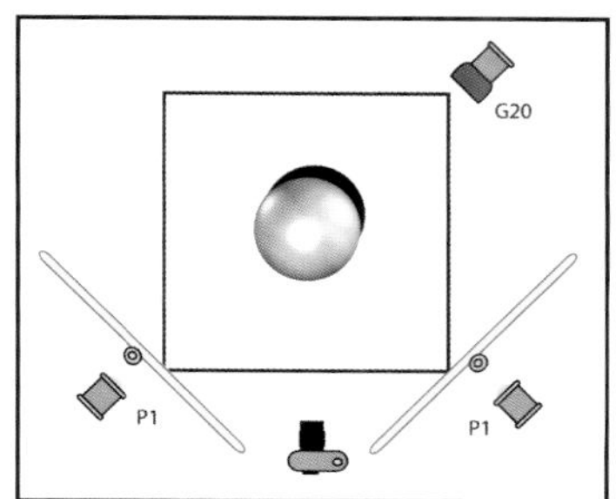

两块柔光板置于拍摄台的两个前角。右侧闪光灯位于柔光板中心（P1位置），左侧闪光灯也设置在P1位置。背光灯安装了20°蜂巢栅格，朝向球体的顶部。3盏灯输出功率一致。

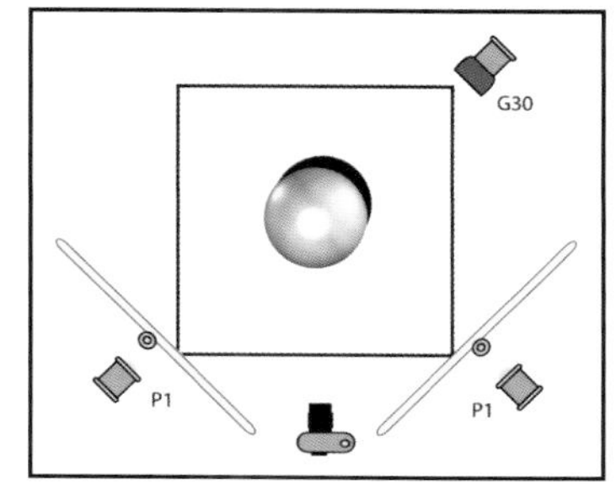

两块柔光板置于拍摄台的两个前角。右侧闪光灯位于柔光板中心（P1位置），左侧闪光灯也设置在P1位置。背光灯安装了30°蜂巢栅格，朝向球体的顶部。3盏灯输出功率一致。

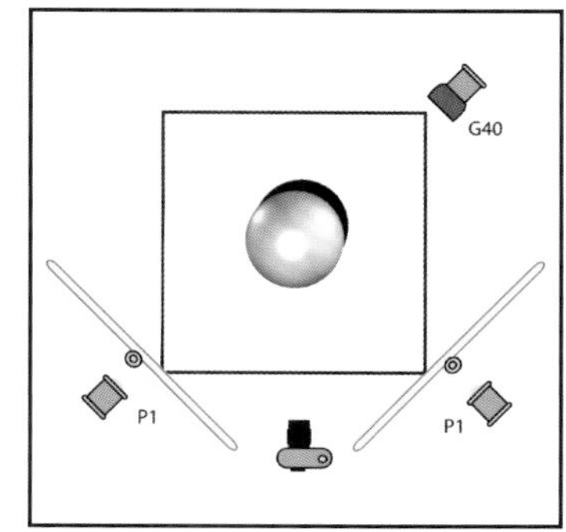

两个面板是在一组的前角。右侧闪光灯是在面板的左上角，在P2处。左手灯是在面板的左下方，在P5的位置。背光源，配备了一个20°的蜂巢栅格，目的是在球的顶部。这3个灯都是同样供电。

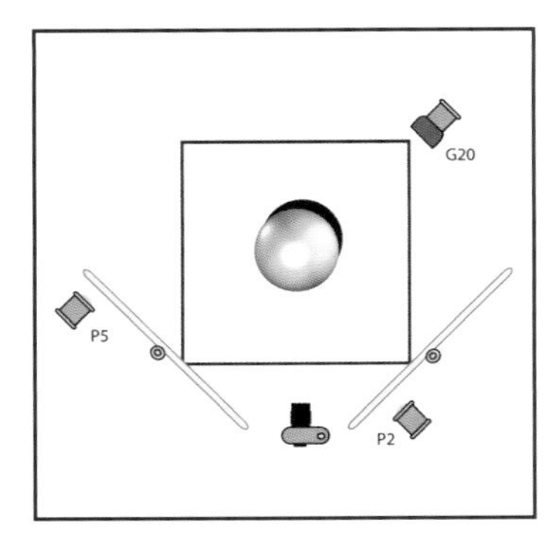

两块柔光板置于拍摄台的两个前角。右侧闪光灯位于柔光板左上角（P2位置），左侧闪光灯设置在柔光板左下角（P5位置）。背光灯安装了20°蜂巢栅格，朝向球体的顶部。3盏灯输出功率一致。

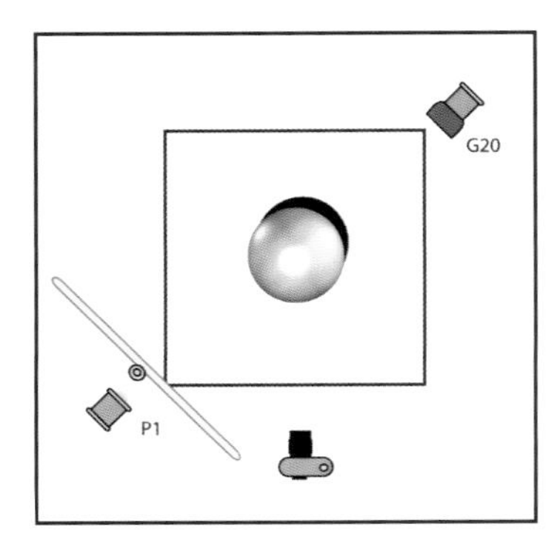

一块柔光板置于拍摄台的左前角。右侧闪光灯位于柔光板中心，P1位置。背光灯安装了20°蜂巢栅格，朝向球体的顶部。3盏灯输出功率一致。

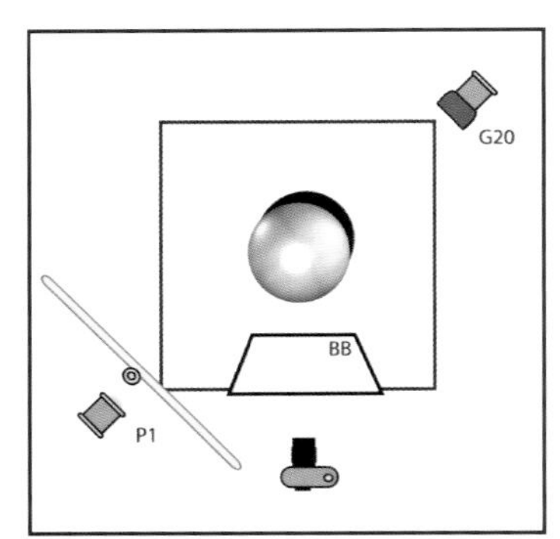

一块柔光板置于拍摄台的左前角。右侧闪光灯位于柔光板中心，P1位置。背光灯安装了20°蜂巢栅格，朝向球体的顶部。3盏灯输出功率一致。一个跳闪卡放置在相机与球体之间，把光线从球的下部反射上来。

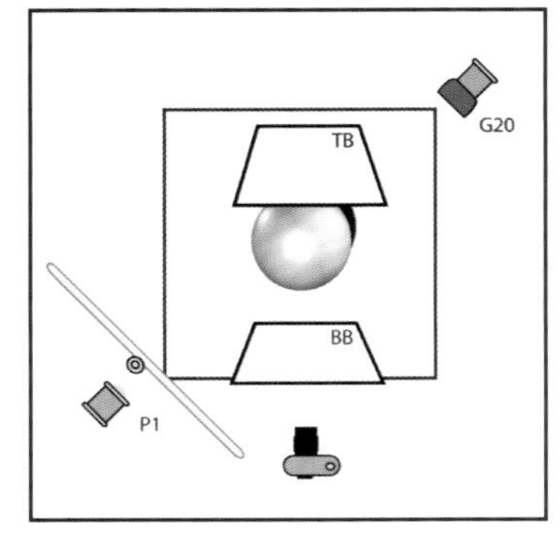

一块柔光板置于拍摄台的左前角。右侧闪光灯位于柔光板中心，P1位置。背光灯安装了20°蜂巢栅格，朝向球体的顶部。3盏灯输出功率一致。一个跳闪卡放置在相机与球体之间，把光线从球的下部反射上来。另一块跳闪卡放置在球体上方，将光线反射下来。

利用光我们改变了排球看上去的尺寸和重量。在这幅图中，光线使得环绕着球身的条纹的深度和曲度清晰可见，还增加了一些光泽和皮肤般的质感。光的亮度在中心的两侧突出了球的形状。图中通过对光和阴影的综合利用，在二维介质中塑造出了一种三维立体的感觉。这是一个完美、干净、随时可以被捡起用来做运动的球。

球的这张偏暗的照片显得更具戏剧性。左侧的阴影作为它的颜色倒映在背景幕布的地面上，使球的形状显得更加平坦。球上亮面的线条似乎也要融入黑暗，缩小了图片中对维度的感知。这并不意味着该照片不是成功的。在此照片中，制造出长阴影是为了创造一种意境。观众知道排球是白色的，圆鼓鼓的，但通过使用光线，我们特意营造出了一种神秘感和孤独感。用一点神秘感可以让你在广告中走得更长远。

6.蜂巢

蜂巢是一种光线塑造工具，通常安装在闪光灯的碟形反光罩里，使光直线传播。最受欢迎的类型是10°、20°、30°、40°的蜂巢，但是部分厂家提供一种超精密的5°蜂巢。通过给闪光灯安装一个蜂巢，你可以完全控制摄影光线的传播。

对光的控制是必须的。然而，不要以为使用过于复杂、过多的灯光就是高超的照明技巧。任何光的添加都应该服务于一个明确的目的。没有目的的光可能会迷惑到你、你的装备和你的客户。

注：下面的每段说明，都假定光是被充分利用的，相机是放在三脚架上并固定的。

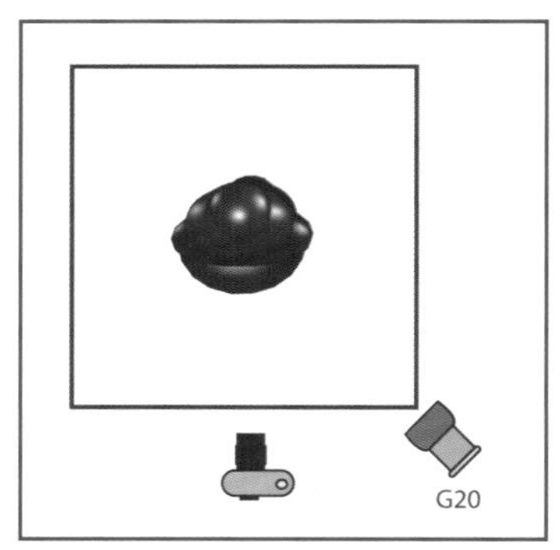

把一个装了20°蜂巢的闪光灯放在拍摄区右前方的角上，并指向雕像。

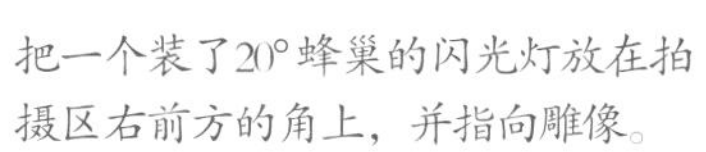

注：图片由罗伯特·莫里西和贾斯汀·莱韦特拍摄。

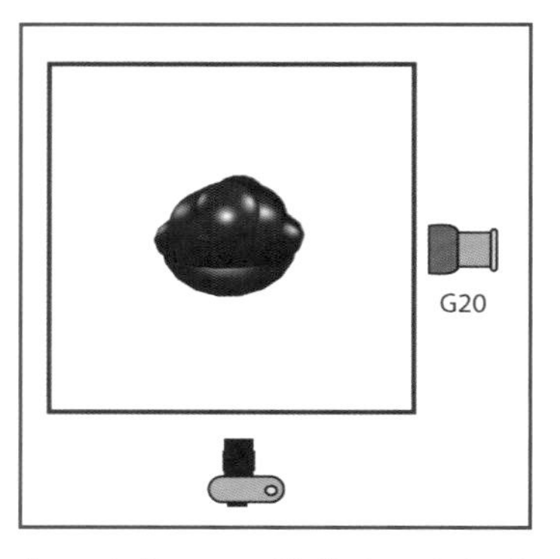

把一个装了20° 蜂巢的闪光灯放在拍摄区右侧，并指向雕像。

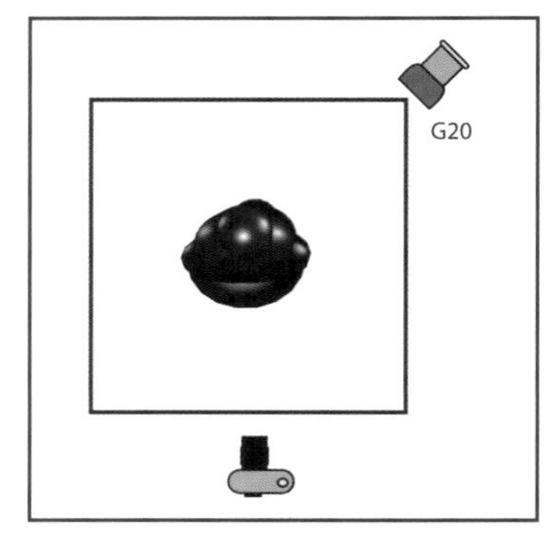

把一个装了20° 蜂巢的闪光灯放在拍摄区右后方的角上，并指向雕像。

把两个装了20° 蜂巢的闪光灯放在拍摄区的后面的两个角上，并指向雕像。

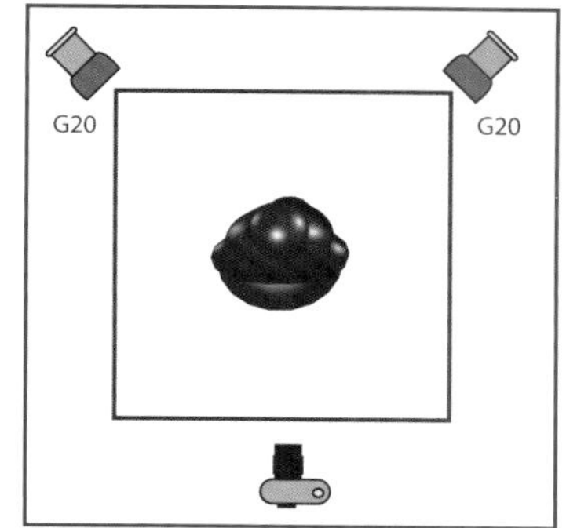

第一个装了20° 蜂巢的闪光灯放在拍摄区右后方的角上并指向雕像；第二个装了20° 蜂巢的闪光灯放在左前方的角上，并指向雕像。

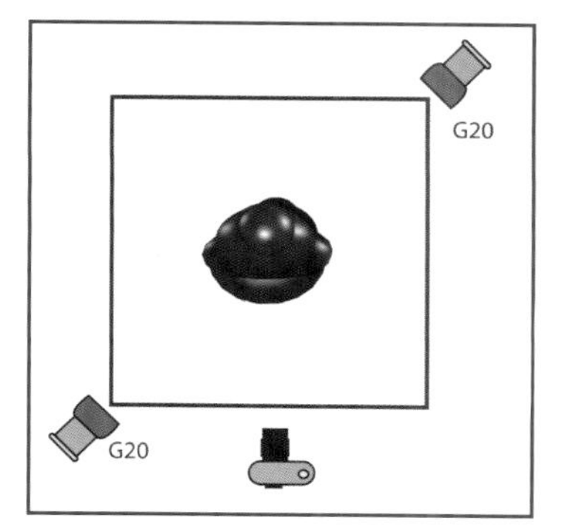

第一个装了20° 蜂巢的闪光灯放在拍摄区右后方的角上并指向雕像；第二个装了20° 蜂巢的闪光灯放在拍摄区左侧并指向雕像。

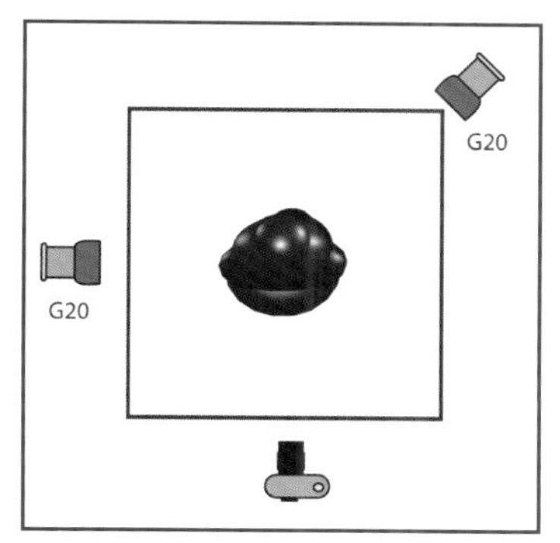

第一个装了20° 蜂巢的闪光灯从顶部位置指向雕像的顶部；第二个装了20° 蜂巢的闪光灯装在斜臂上。这个光是指向背景的。

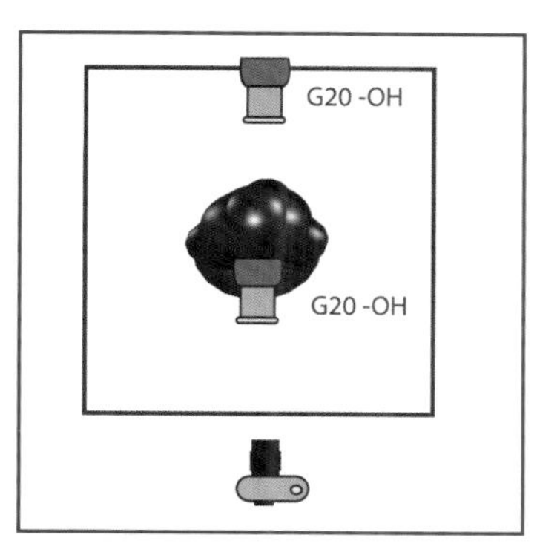

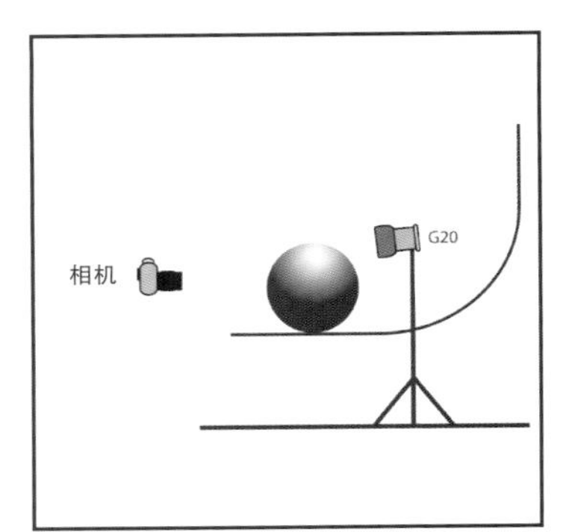

把一个装了20°蜂巢的闪光灯放在拍摄区一旁约90cm的高度上，并指向雕像。

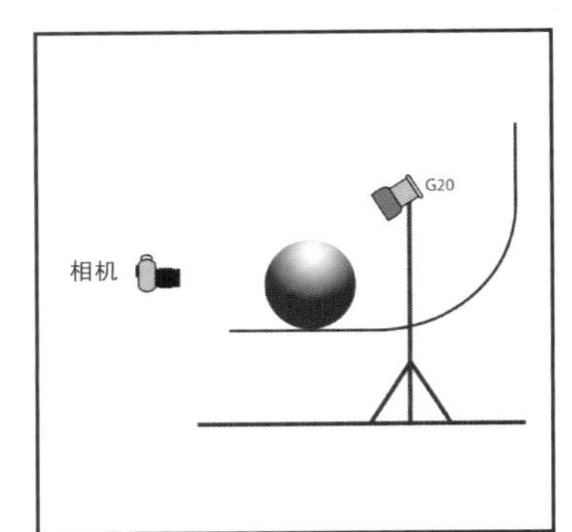

把一个装了20°蜂巢的闪光灯放在拍摄区一旁约1.2m的高度上，并指向雕像。

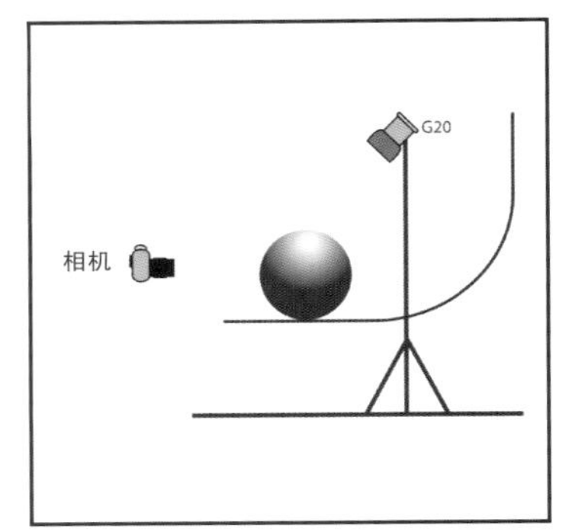

把一个装了20°蜂巢的闪光灯放在拍摄区一旁约1.5m的高度上，并指向雕像。

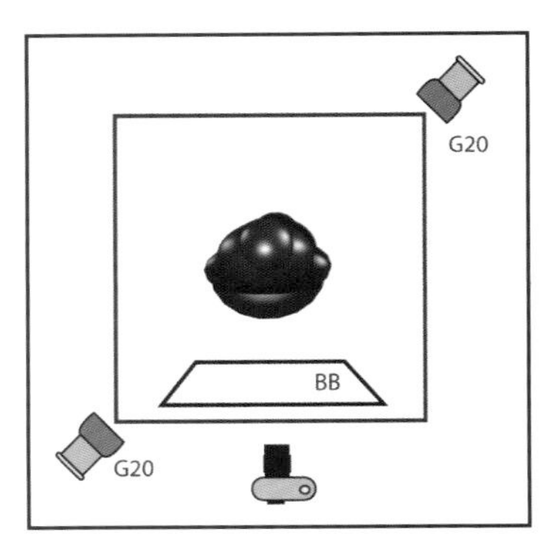

第一个装了20°蜂巢的闪光灯放在拍摄区右后方的角上，并指向雕像；第二个装了20°蜂巢的闪光灯放在拍摄区左前方的角上，并指向雕像；相机和雕像之间的反光卡纸是倾斜向上的，这是为了把光反射到雕像上。

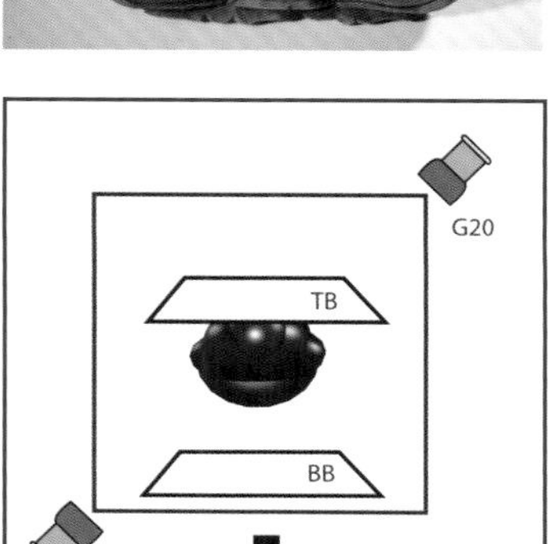

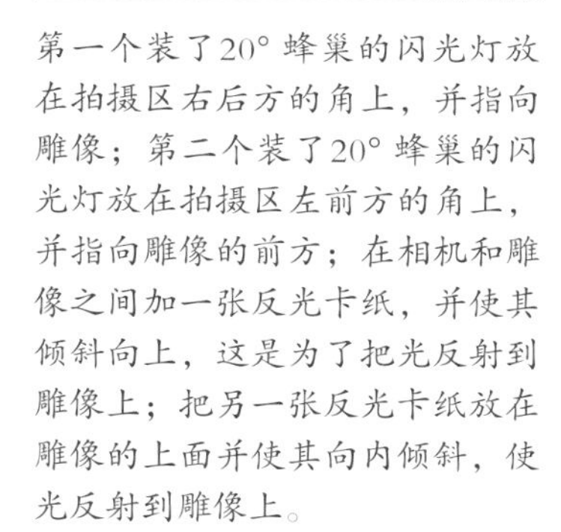

第一个装了20° 蜂巢的闪光灯放在拍摄区右后方的角上，并指向雕像；第二个装了20° 蜂巢的闪光灯放在拍摄区左前方的角上，并指向雕像的前方；在相机和雕像之间加一张反光卡纸，并使其倾斜向上，这是为了把光反射到雕像上；把另一张反光卡纸放在雕像的上面并使其向内倾斜，使光反射到雕像上。

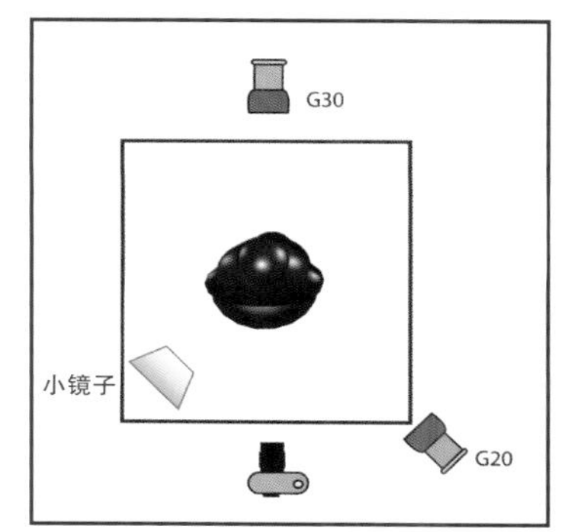

第一个装了20° 蜂巢的闪光灯放在拍摄区右前方的角上，并指向雕像；第二个装了30° 蜂巢的闪光灯指向雕像后方的顶部；在拍摄区的左前方加一面镜子使光反射到雕像上。

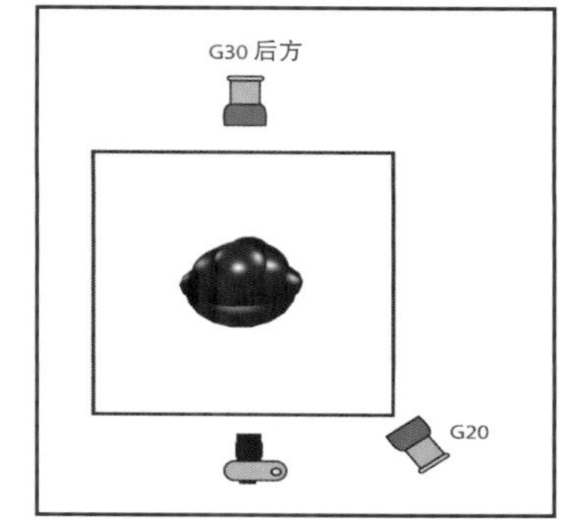

第一个装了20° 蜂巢的闪光灯放在拍摄区右前方的角上，并指向雕像；第二个装了30° 蜂巢的闪光灯指向雕像后方的顶部。

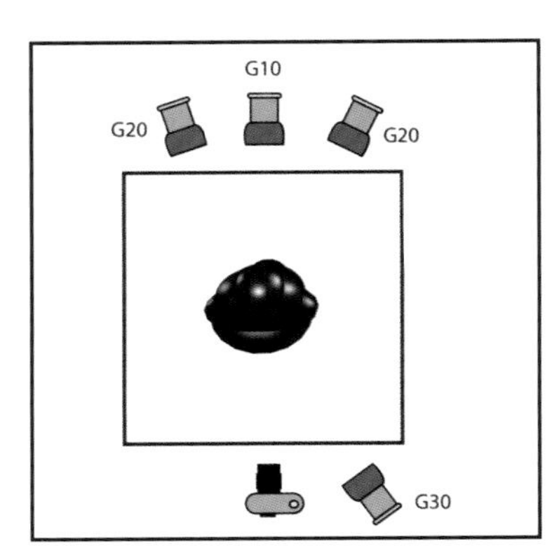

第一个装了30°蜂巢的闪光灯放在拍摄区右前方的角上，并指向雕像；第二个装了10°蜂巢的闪光灯指向雕像后方的顶部；两个装了20°蜂巢的闪光灯置于背景光两侧，并指向相机。

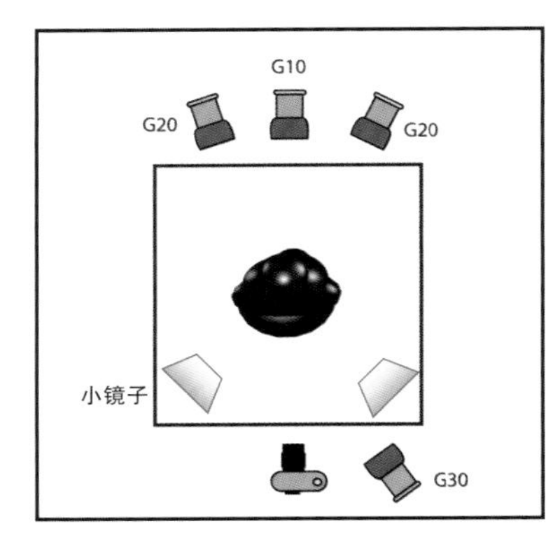

第一个装了30°蜂巢的闪光灯放在拍摄区右前方的角上，并指向雕像；第二个装了10°蜂巢的闪光灯指向雕像后方的顶部；两个装了20°蜂巢的闪光灯置于背景光两侧，并指向镜头；在拍摄区前方两个角上分别加一面镜子使光反射到雕像上。

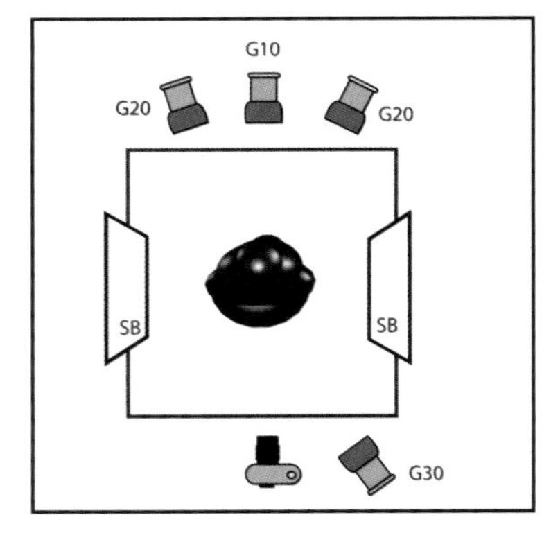

第一个装了30°蜂巢的闪光灯放在拍摄区右前方的角上，并指向雕像；第二个装了10°蜂巢的闪光灯指向雕像后方的顶部；两个装了20°蜂巢的闪光灯置于背景光两侧，并指向镜头；把一张反光卡纸放在拍摄区的任一侧使背景光反射到雕像上。

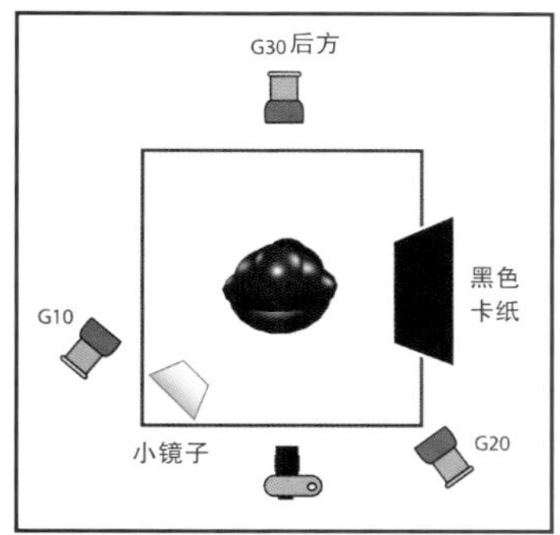

第一个装了20°蜂巢的闪光灯放在拍摄区右前方的角上，并指向雕像；第二个装了30°蜂巢的闪光灯从背景的上方指向雕像后方的顶部；第三个装了10°蜂巢的闪光灯置于拍摄区左侧，指向雕像后方和背景；在拍摄区左前方角上的镜子用来把背景光反射到雕像上；右侧的一张黑色卡纸用来阻碍第一道光打在背景上。

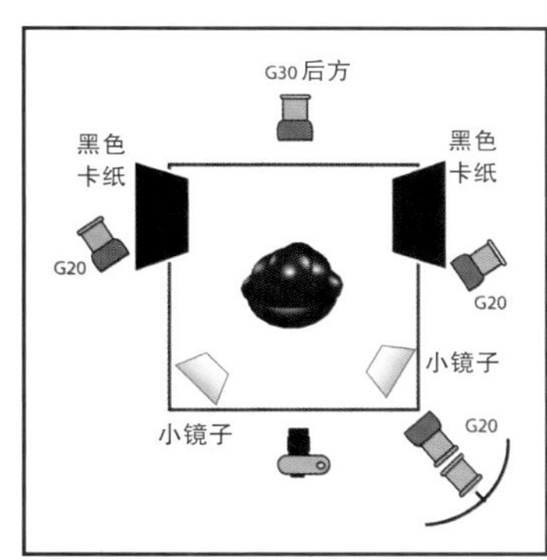

第一个装了20°蜂巢的闪光灯放在拍摄区右前方的角上，并指向雕像；第二个被设置成低输出的闪光灯配备一把反光伞，放置在第一束光后面，用来产生大面积补光；第三个装了20°蜂巢的闪光灯置于右侧，指向雕像的肩部；一张黑色卡纸用来阻碍这道光打到背景上；装着10°蜂巢的第四道光置于拍摄区的左侧，并指向雕像的肩部；另一张黑色卡纸用来阻碍这道光打到背景上；加上两面镜子把背景光反射到雕像前面。

正如你看到的，你可以用相同的设备和物体拍摄出两种完全不一样的照片。左边的照片展示了使用灯光设备表现出雕像每一处细微差别的结果。下面的照片就更暗更具戏剧性。两张照片都会使雕像好卖，而且两张都完美地展示了雕像，但从一个镜头到另一个镜头，光线效果却有很大的差别。

光线是一张照片的灵魂。它可以创造出明亮、愉快的照片抑或是灰暗、忧悒的照片。在这些例子中，可以看出显著的差异。

7.反光伞

反光伞可以在大多数摄影师的工具包中找到。这些造型工具附在闪光灯头上，产生柔和、定向的光。反光伞面料的颜色也影响着产生出的光的质量。银色的伞比金色的伞产生的光有着更冷色调。

白色内衬的反光伞可以创造出更高水平的发散光，但不会影响光的颜色。为了拍出米娅（本章的模特）的系列肖像，我使用了白色内衬的反光伞。

左上和左下图 将反光伞置于拍摄区的右前角，并以45°角指向拍摄对象；灯光全功率输出。

右上和右下图 将反光伞置于拍摄区的右前角，在拍摄区左前角上另放一把伞；两把伞都以45°角指向拍摄对象，且灯光都是全功率输出。

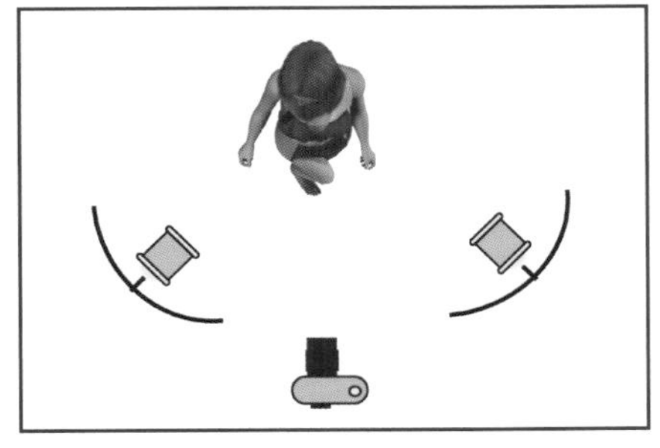

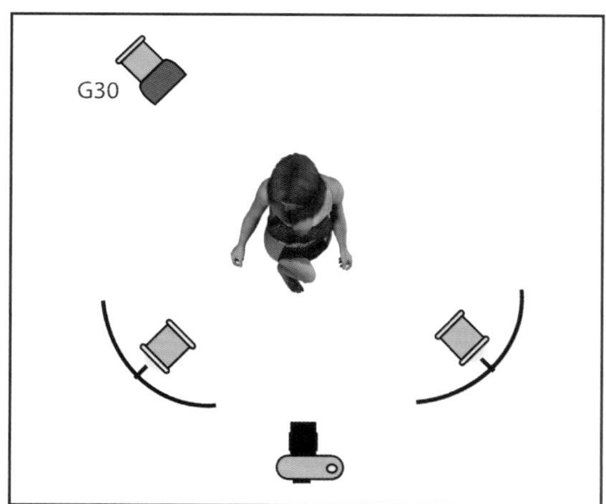

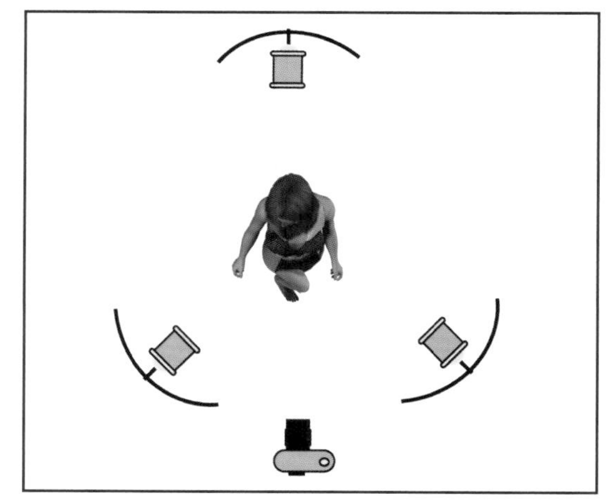

第一把反光伞置于拍摄区的右前角上，第二把伞置于拍摄区左前方。两把反光伞以45°角指向拍摄对象，且灯光都是全功率输出。第三个光源是装了30°蜂巢栅格的闪光灯，将其指向模特的头发，灯光是低功率输出。

第一把反光伞置于拍摄区的右前角上，第二把置于拍摄区左前角。两把反光伞都以45°角指向拍摄对象，且灯光为全功率输出。第三把伞在模特的正后方，并指向照相机，灯光以低功率输出。模特挡住了大部分的光，从而减少了光晕。

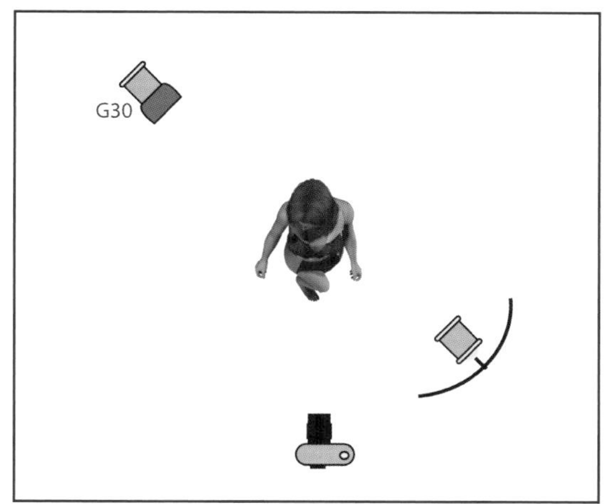

反光伞放置在场景中右前方，以45°角朝向拍摄对象。带有30°蜂巢的闪光灯放在场景中的左后角，对准模特的头发。两个灯以全功率输出。

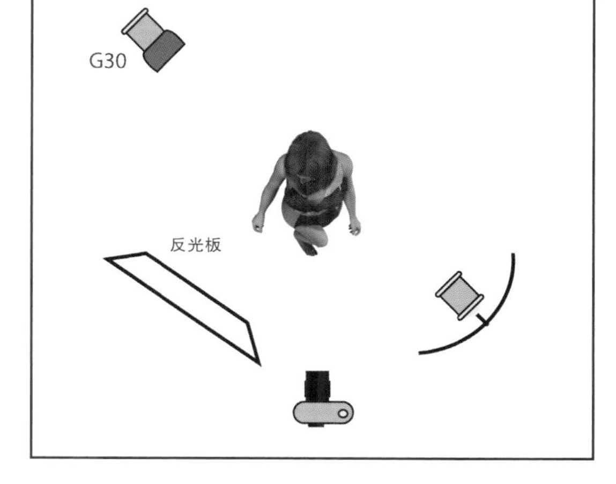

反光伞放置在场景中右前角，以45°角朝向对象。带有30°蜂巢的闪光灯放在场景中的左后角，灯头朝向对象的头发。两灯以全功率输出。在左前角放置反光板，用来将反光伞射出的光线反射到模特身上。

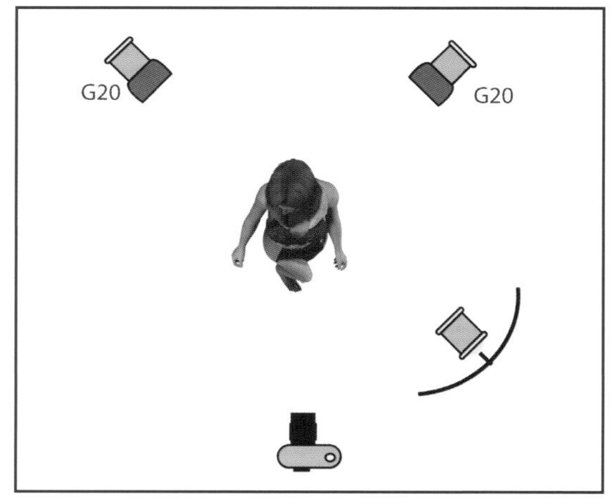

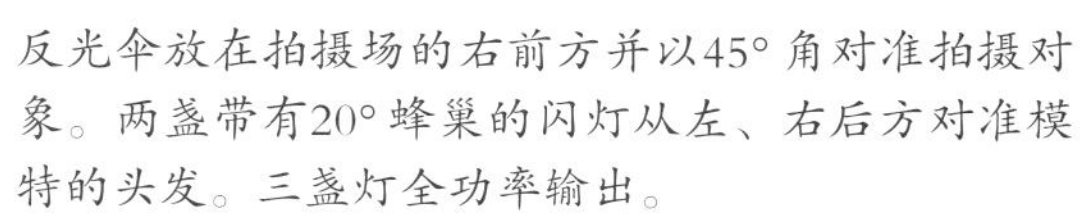

反光伞放在拍摄场的右前方并以45° 角对准拍摄对象。两盏带有20° 蜂巢的闪灯从左、右后方对准模特的头发。三盏灯全功率输出。

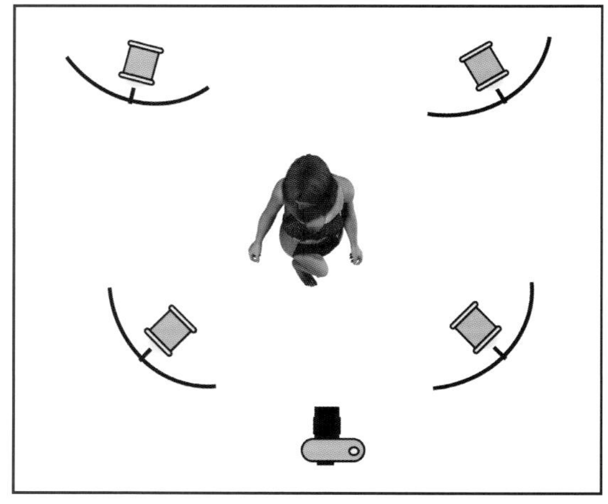

在场景的左、右前方各放一把反光伞，皆以45° 角对准拍摄对象。在左、右后方再各放一把反光伞，以30° 角朝向背景。四盏灯全功率输出。

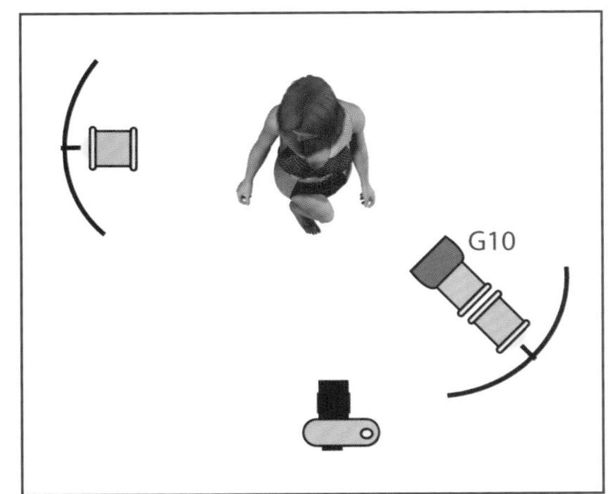

场景右前方放置一把反光伞，第二把反光伞放在拍摄对象左侧。两盏灯全功率输出。第一把伞正前方放置一个带10°蜂巢栅格的闪光灯，朝向对象面部，该灯以低功率输出。

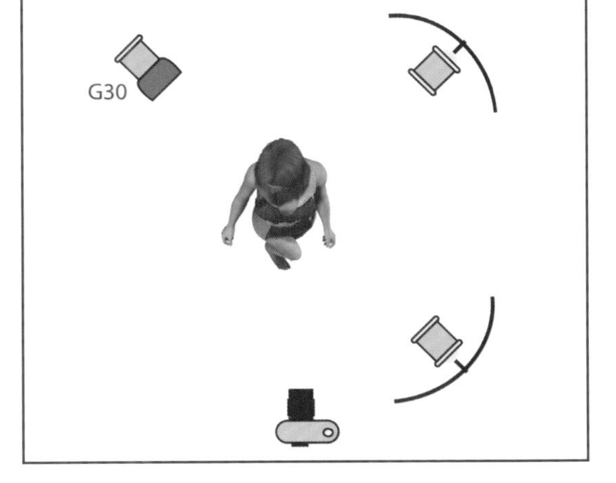

场景右前方放置一把反光伞，第二把伞放在场景中的右后方，这两盏灯都以45°角对准对象。带有30°蜂巢栅格的闪光灯朝向模特的头发。三盏灯全功率输出。

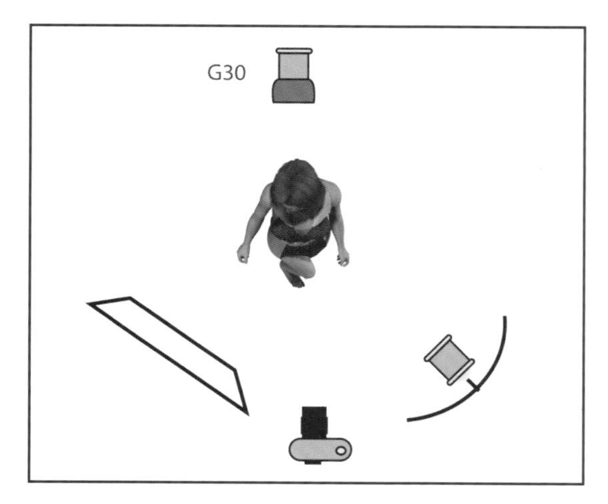

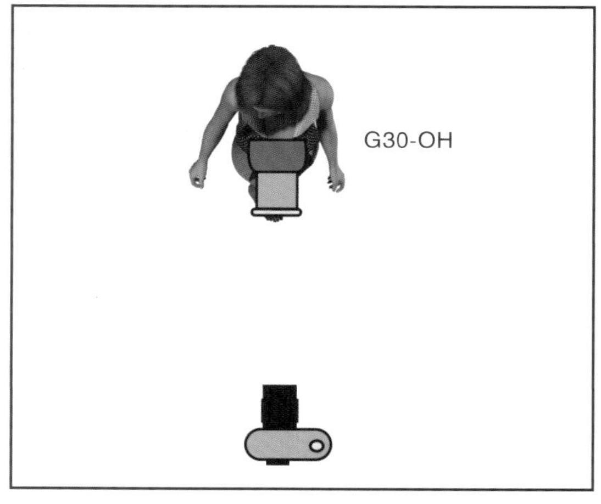

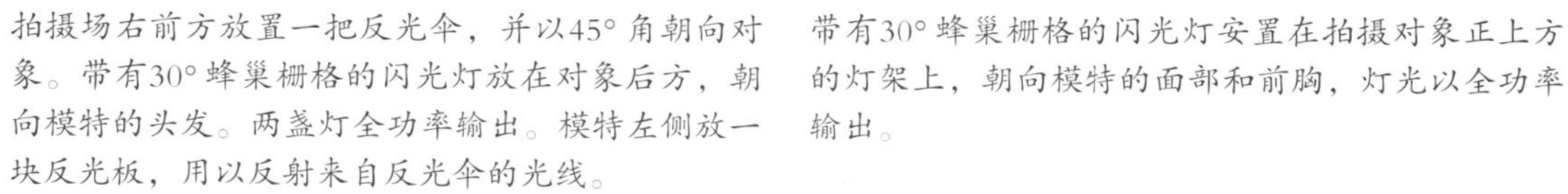

拍摄场右前方放置一把反光伞，并以45° 角朝向对象。带有30° 蜂巢栅格的闪光灯放在对象后方，朝向模特的头发。两盏灯全功率输出。模特左侧放一块反光板，用以反射来自反光伞的光线。

带有30° 蜂巢栅格的闪光灯安置在拍摄对象正上方的灯架上，朝向模特的面部和前胸，灯光以全功率输出。

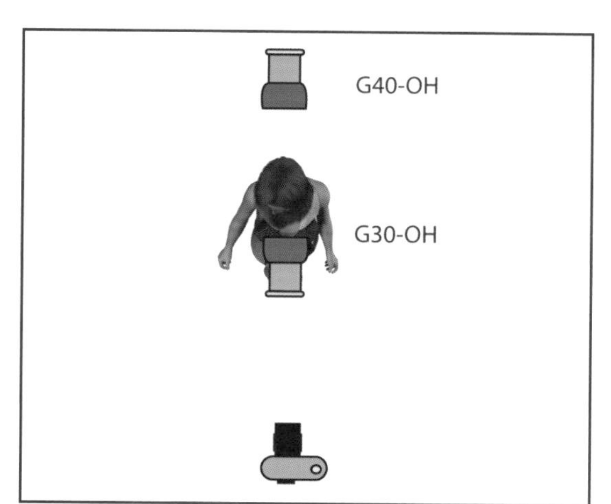

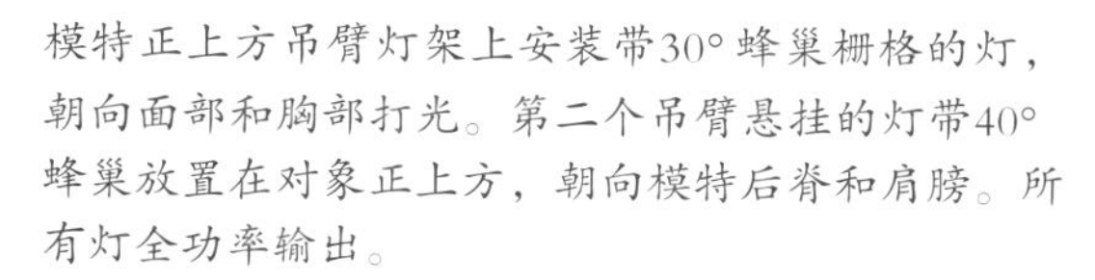

模特正上方吊臂灯架上安装带30°蜂巢栅格的灯，朝向面部和胸部打光。第二个吊臂悬挂的灯带40°蜂巢放置在对象正上方，朝向模特后脊和肩膀。所有灯全功率输出。

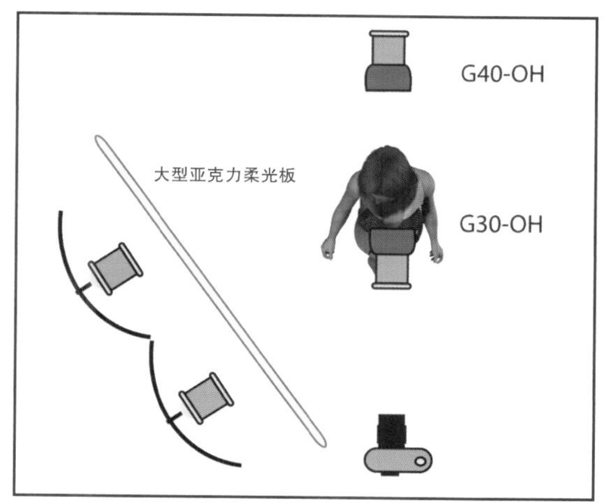

带30°蜂巢的灯安装在模特头顶正上方的吊臂上，朝向其面部和胸部。再使用一个摄影棚吊臂安装带40°蜂巢栅格的灯，放在模特正上方，朝背部和肩膀打光。两灯以全功率输出。场景左侧放两把反光伞，朝向对象。用一块柔光屏来减弱来自左侧反光伞的光线。

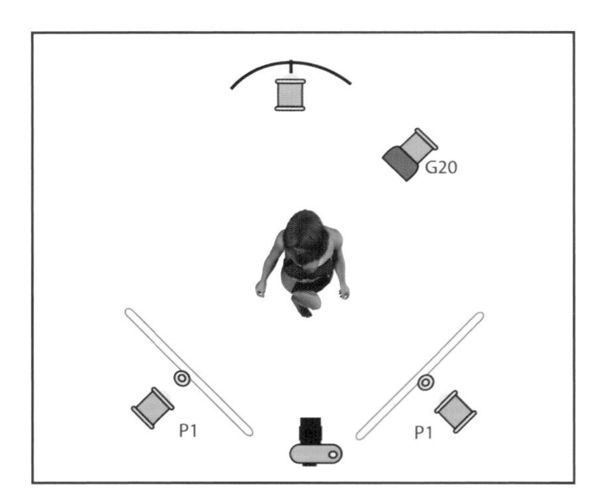

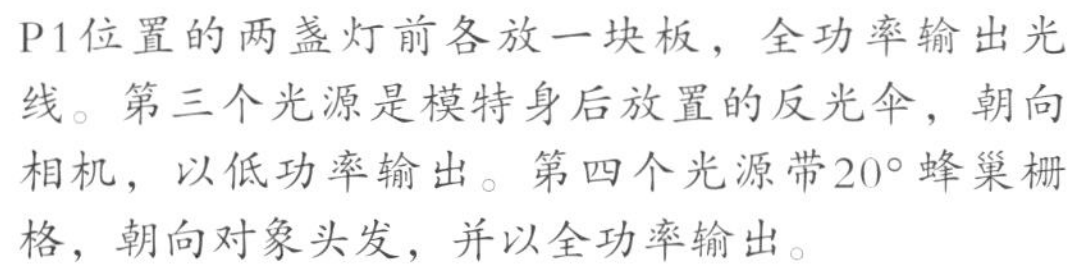

P1位置的两盏灯前各放一块板，全功率输出光线。第三个光源是模特身后放置的反光伞，朝向相机，以低功率输出。第四个光源带20° 蜂巢栅格，朝向对象头发，并以全功率输出。

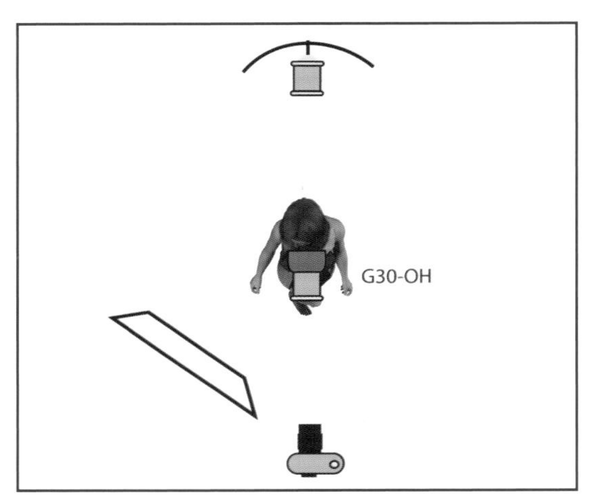

带有30° 蜂巢的顶灯安装在吊臂上，悬挂在拍摄对象正上方，朝对象面部和胸部打光，全功率输出；第二个光源是模特身后的反光伞，朝向相机，低功率输出。左侧放一大块反光板用来将光线反射到模特身上。

左图 曝光正确，但效果平淡，模特头发后的高光和皮肤的加亮恰当，打在面部的灯光很柔和并且完美无瑕。模特裙子上的褶皱表明衣服的面料及合身的剪裁。背景色均匀地由红色向更暗更柔和的红色光谱渐变。拍摄技巧固然无可挑剔，然而模特的面部表情却有些漠然乏味。一张照片即使在技术上很完美，但有时一个无关拍摄技巧的小细节对照片的作用却无比巨大。

右图 此照片弥补了前面的不足之处。戏剧化、性感，还有一点点灵巧，全都包含在这一张照片之中。模特背后巨大的伞以白色光线构建出她的身体线条，这种照明使她的皮肤和头发发出微光。前面的灯光使模特皮肤质感柔和，进一步凸显出其戏剧化的人物形象。由顶部灯光产生的向下阴影使模特穿的裙子看起来几近透明，同时给人一种这衣服非常紧实的好感。她朝上凝视的目光被眉骨下的阴影所强调。这项风险值非常高的拍摄技巧需要大量的练习，而其结果往往是值得的。适度通过镜头的光线和对模特正确的曝光，这二者完美的结合的效果正是你所寻求的。哪怕是往模特的任何一边挪动一小下，闪光都会毁了整张照片的效果。

8.柔光箱

柔光箱可以创造出一种柔和的看起来自然而温暖的光线效果，非常适用于多数肖像和照明设备。使用柔光箱时的主要不利之处在于，光线是被集中在箱体内部的。因此，在使用柔光箱的时候，它往往不能像反光板那样很容易就能对光源位置做出微调。每个摄影者都必须尽可能地努力控制光线。柔光箱的形状大小各不相同，所以要选择最能满足你需要的那一种（注意：中等厚度的柔光箱在垂直、水平位置都可使用。如此万能的东西是你的照明工具箱里的不二之选）。

在本节中，下面的每张照片都由80mm镜头拍摄的。拍摄时所有灯光都是亮度全开的。模特米娅每次拍摄时都要站在地板上由胶带标出的位置。纳塔利·克罗斯是我的助手。

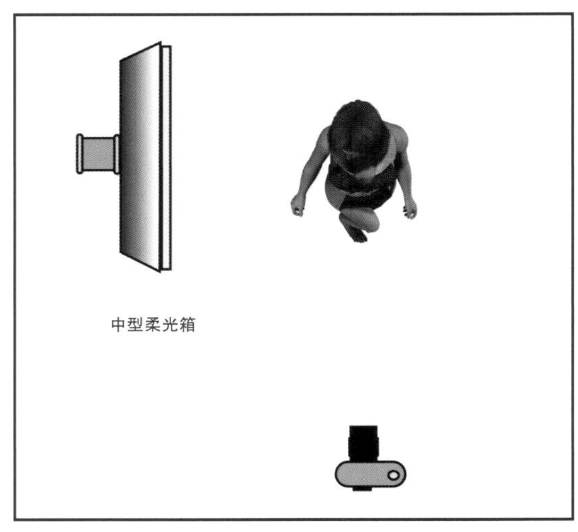

由大型摄影棚支架撑起的中型柔光箱放置在拍摄区的左侧。灯光与模特成90° 角并且亮度全开。

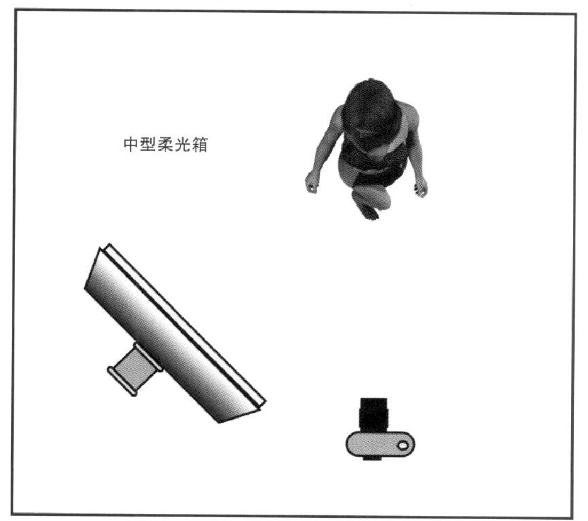

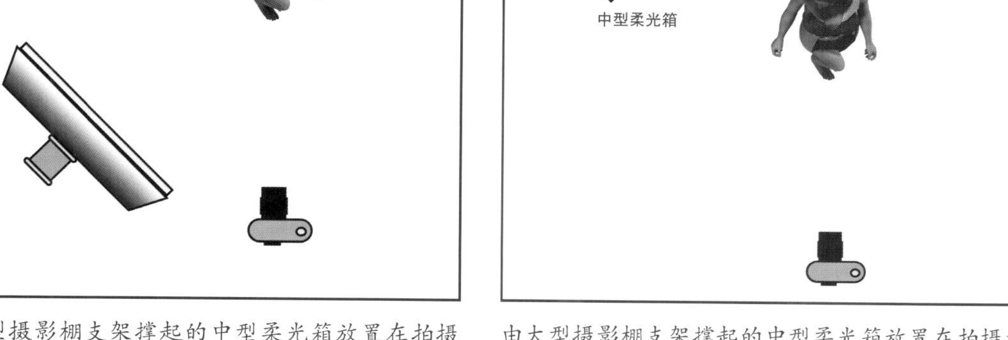

由大型摄影棚支架撑起的中型柔光箱放置在拍摄场的左前侧。灯光与模特成45°角。

由大型摄影棚支架撑起的中型柔光箱放置在拍摄场的左后侧。灯光与模特成45°角。

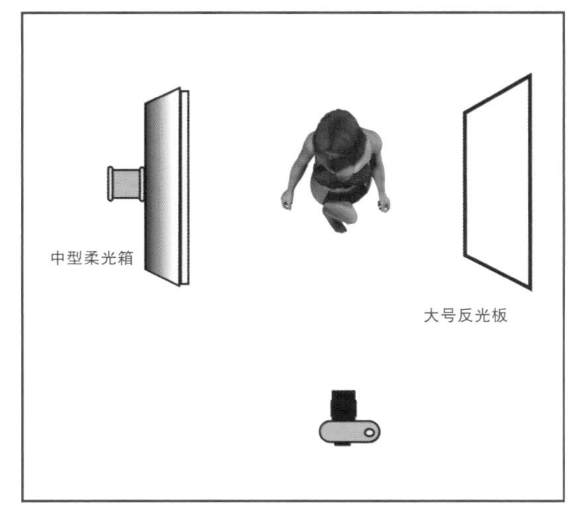

一个安装在大号支架上的中型柔光箱被放置在拍摄区左侧。光线以90°角照射在被摄对象上。1.8m高的白色反光板被放置于拍摄区的右前角，相对于被摄对象45°角的位置。反光板可使光线反射在被摄对象上，让我们能看到被摄对象的脸和身体部位的更多细节。

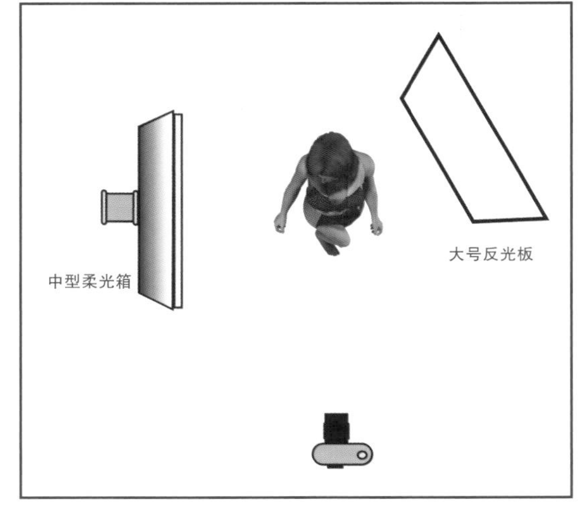

一个安装在大号支架上的中型柔光箱被放置在拍摄区左侧。光线以90°角照射在被摄对象上。一张1.8m高的白色反光板被放置于拍摄区的右前方，相对于被摄对象45°角的位置。反光板用于将光线反射在被摄对象上，从而让我们能看到被摄对象的脸和身体部位的更多细节。

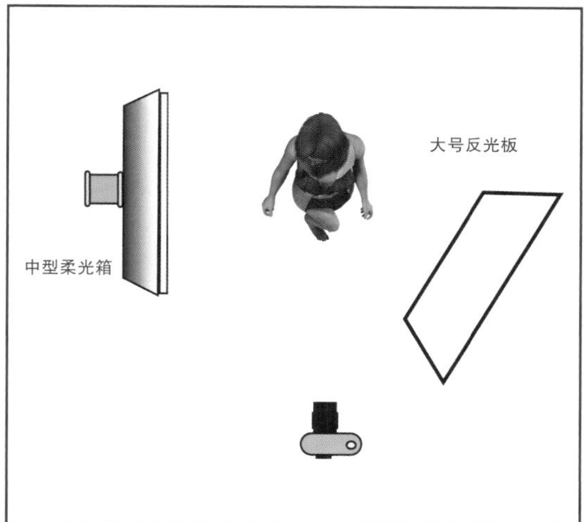

一个安装在大号支架上的中型柔光箱被放置在拍摄区左后侧相对于被摄对象45° 角的位置。一张约1.8m高的白色反光板被放置于拍摄区的右前方相对于被摄对象45° 角的位置。反光板将光反射在对象上，让我们能看到被摄对象脸和身体部位的更多细节。

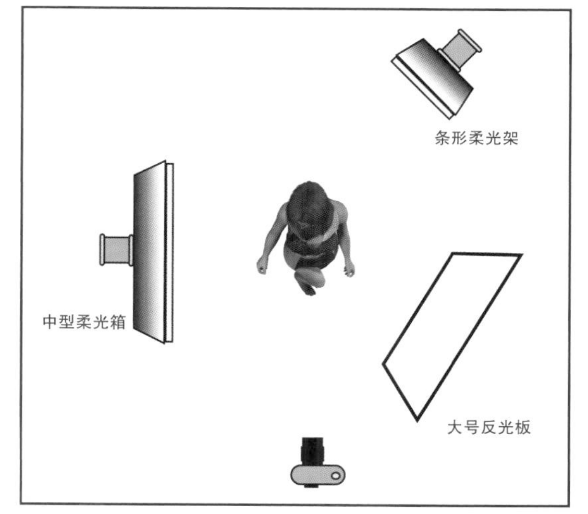

一只安装在大号支架上的中型柔光箱被放置在拍摄区左侧。灯光在相对于被摄对象90° 角的位置。一张约1.8m高的白色反光板被放置于拍摄区的右前方相对于被摄对象45° 角的位置。反光板将光反射在被摄对象上，让我们能看到被摄对象的脸和身体部位的更多细节。一只条形柔光箱被置于右后角并对准被摄对象。条形柔光箱所产生的光线能在被摄对象周围营造出高光从而保证她与背景相分离。

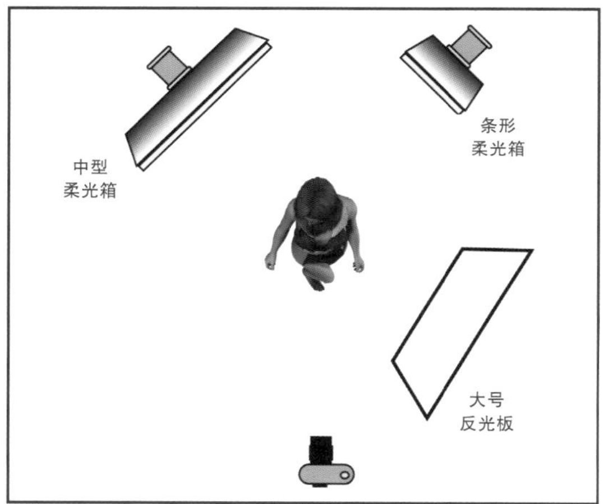

一个安装在大号支架上的中型柔光箱被放置在拍摄区左后侧相对于被摄对象45° 角的位置。一张约1.8m高的白色反光板被放置于拍摄区的右前方相对于被摄对象45° 角的位置。反光板将光反射在对象上，让我们能看到被摄对象的脸和身体部位的更多细节。一个条形柔光箱被置于右后角并对准被摄对象。一只条形柔光箱放在拍摄区右后角并朝向被摄对象。它所产生的光线可以在被摄对象周围营造出高光从而保证她与背景相分离。

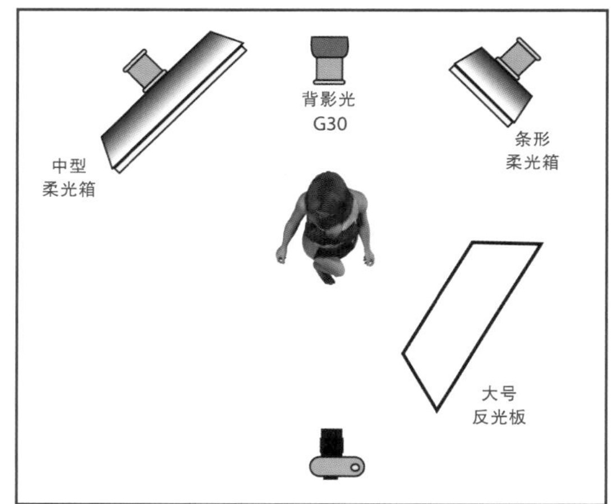

一只安装在大号支架上的中型柔光箱被放置在拍摄区左侧的位置，光线以45° 角照射在被摄对象上。一张约1.8m高的白色反光板被放置于拍摄区的右前方相对于被摄对象45° 角的位置。反光板将光反射在对象上，让我们能看到被摄对象的脸和身体部位的更多细节。一个条形柔光箱被置于右后方并对准被摄对象。它产生的光线能在被摄对象周围营造高光从而保证她与背景相分离。一个带有30° 蜂巢的闪光灯对准背景，在拍摄中营造出光环效果。

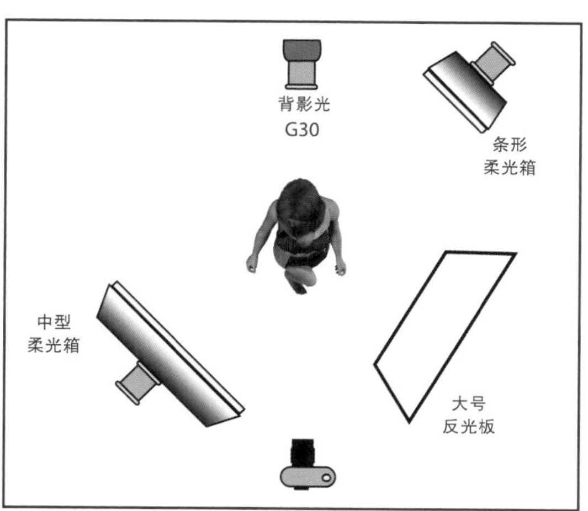

一个安装在大号支架上的中型柔光箱被放置在拍摄区左前侧相对于被摄对象45°角的位置。一张约1.8m高的白色反光板被放置于拍摄区的右前方相对于被摄对象45°角的位置。反光板将光反射在被摄对象上，让我们能看到被摄对象的脸和身体部位的更多细节。一只条形柔光箱被置于右后角并对准被摄对象。条形柔光箱所产生的光线能在被摄对象周围营造出高光从而保证她与背景相分离。一个带有30°蜂巢的闪光灯对准背景，这样就能在拍摄中营造光环效果。

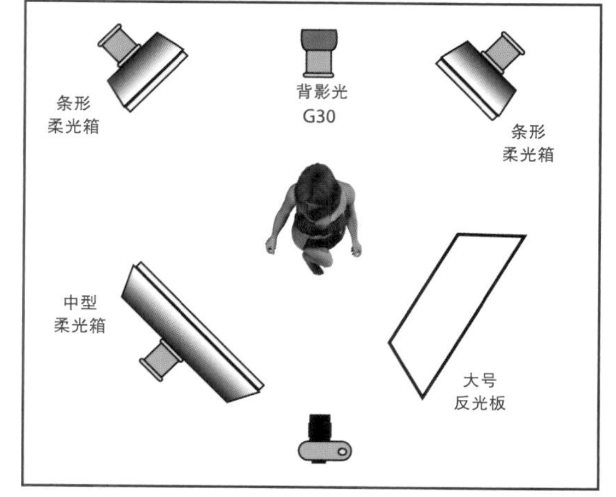

一只安装在大号支架上的中型柔光箱被放置在拍摄区左侧的位置，光线以45°角照射在被摄对象上。一张约1.8m高的白色反光板被放置于拍摄区的右前方相对于被摄对象45°角的位置。反光板将光反射在对象上，让我们能看到被摄对象的脸和身体部位的更多细节。两个条形柔光箱分别被置于后方两角并对准被摄对象。它们产生的光线能在被摄对象周围营造高光从而保证她与背景相分离。一个带有30°蜂巢的闪光灯对准背景，在拍摄中营造出光环效果。

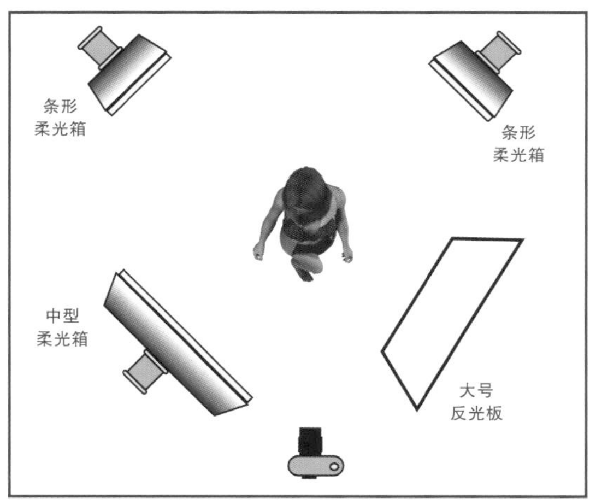

一只安装在大号支架上的中型柔光箱被放置在拍摄区左前方相对于被摄对象45°角的位置。一张约1.8m高的白色反光板被放置于拍摄区的右前方相对于被摄对象45°角的位置。反光板将光反射在对象上，让我们能看到被摄对象的脸和身体部位的更多细节。两个条形柔光箱分别被置于后方两角的位置并对准被摄对象。它们产生的光线能在被摄对象周围营造高光从而保证她与背景相分离。

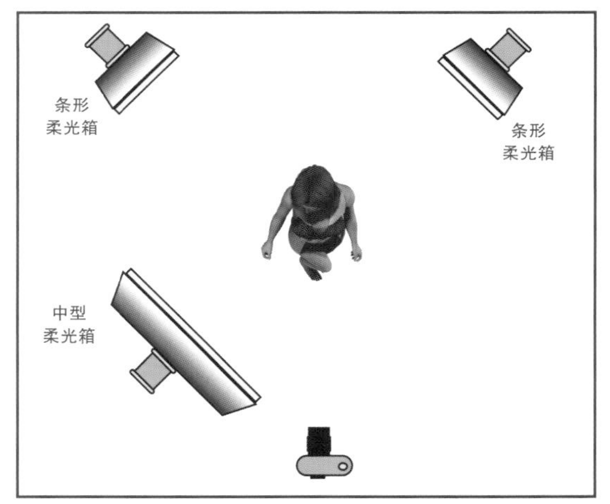

一个安装在大号支架上的中型柔光箱被放置在拍摄区左前方。光线以45°角照射于被摄对象上。两个条形柔光箱分别被置于后方两角的位置并对准被摄对象。它们产生的光线能在被摄对象周围营造高光从而保证她与背景相分离。

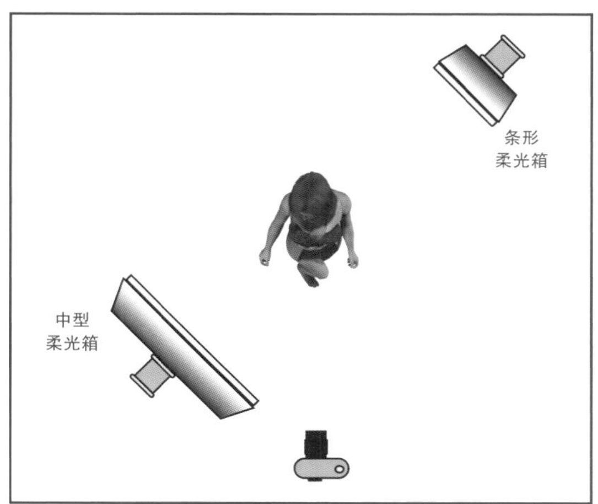

一只安装在大号支架上的中型柔光箱被放置在拍摄区左前方。光线以45°角照射在被摄对象上。一个条形柔光箱被置于右后方的位置并对准被摄对象。它产生的光线能在被摄对象周围营造高光从而保证她与背景相分离。

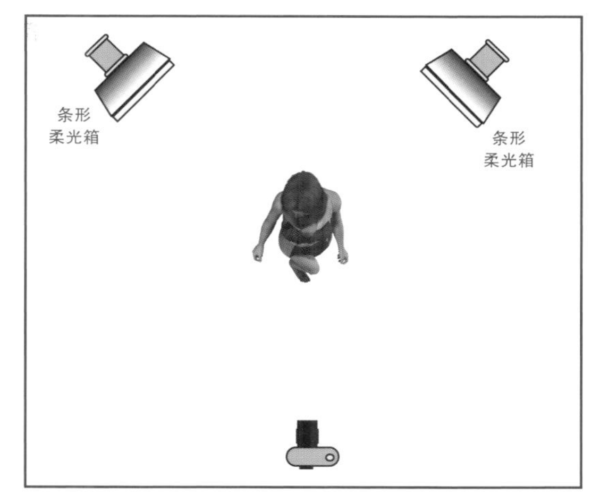

两个条形柔光箱分别被置于后方两角的位置并对准被摄对象。产生的光线能在被摄对象周围营造高光从而保证她与背景相分离。

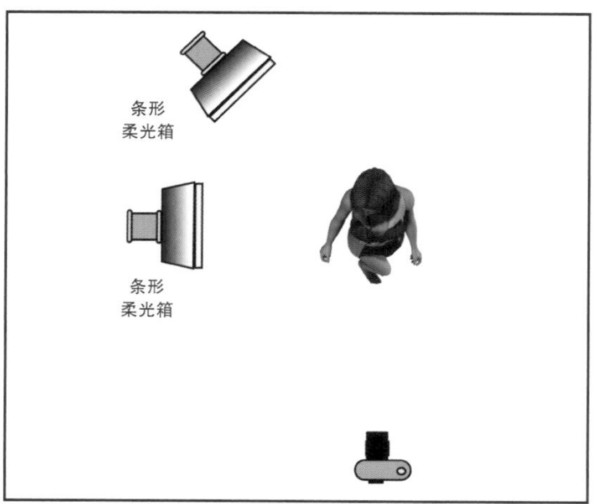

一只安装在大号支架上的条形柔光箱被放置在拍摄区左侧的位置。光线以90°角照射在被摄对象上。另一只条形柔光箱被置于左后角并对准被摄对象。

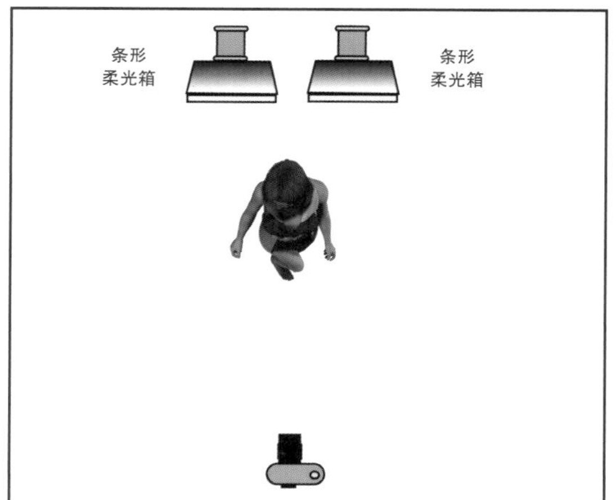

两只条形柔光箱被放置在被摄对象的正后方位置并对准相机。产生的光线能在被摄对象周围营造高光从而保证她与背景相分离。这样的灯光布置营造了强烈的眩光和剪影效果。

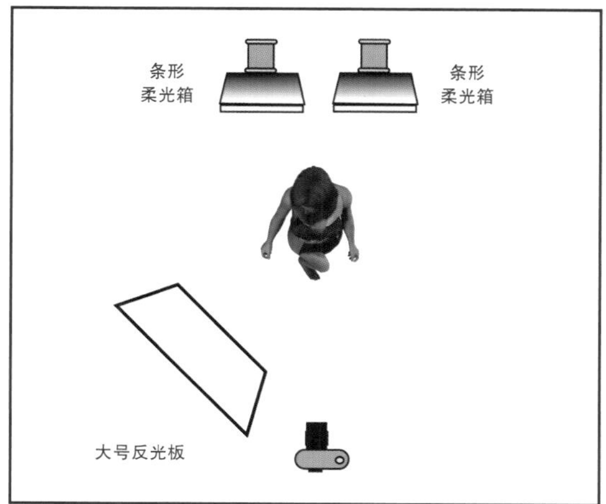

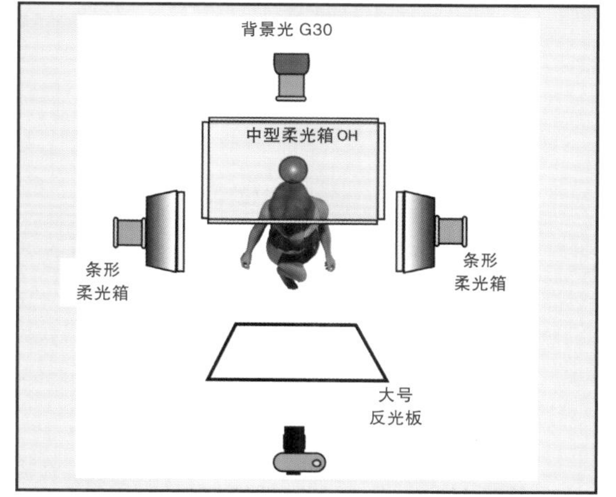

两只条形柔光箱被放置在被摄对象的正后方位置并对准相机。这样的灯光布置营造了强烈的眩光和剪影效果。一张约1.8m高的白色反光板被放置于拍摄区的左前方相对于被摄对象45° 角的位置。反光板将光反射在被摄对象上，让我们能看到被摄对象脸和身体部位的更多细节。

一只安装在大号斜臂上的中型柔光箱被安置在被摄对象上方且相对于被摄对象90° 角的位置，距离被摄对象约1m。两只条形柔光箱，一只被放置在被摄对象左侧相对被摄对象90° 角的位置，另一个被放置在被摄对象右侧相对被摄对象90° 角的位置。一张大型反光卡纸被放置于相机和被摄对象之间并对准被摄对象。这张反光板为被摄对象的脸和身体补光。一个带有30° 蜂巢的闪光灯对准背景，在拍摄中营造光环效果。

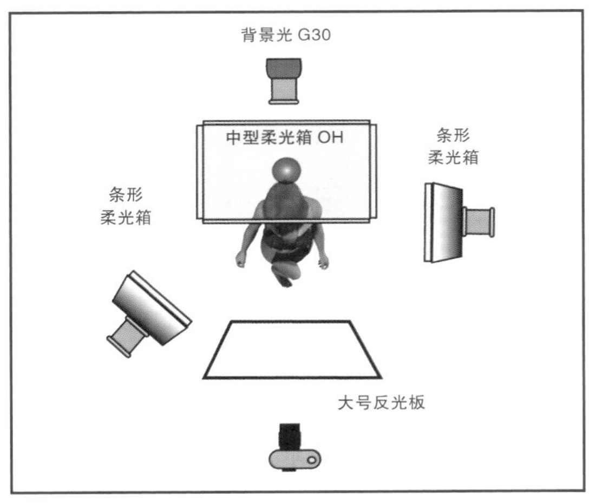

一只安装在大号灯架上的中型柔光箱被安置在被摄对象上方相对于被摄对象90°角的位置，它距离被摄对象大约1m远。一只条形柔光箱被放置在被摄对象左侧相对被摄对象90°角的位置，另一个被放置在被摄对象右侧相对被摄对象45°角的位置。一张大型反光卡纸被放置于相机和被摄对象之间并正对被摄对象。这张反光板为被摄对象的脸和身体补光。一个带有30°蜂巢的闪光灯对准背景，在拍摄中营造光环效果。

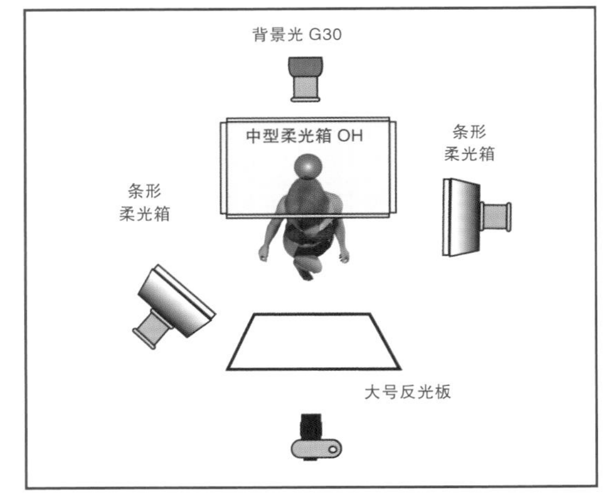

一只安装在大号灯架上的中型柔光箱被安置在被摄对象上方且相对于被摄对象90°角的位置，它距离被摄对象大约1m远。一只条形柔光箱被放置在被摄对象左前方并对准被摄对象。一张大型反光板用于将光反射在模特的右侧。一只带有30°蜂巢的闪光灯对准背景，在拍摄中营造光环效果。一只条形柔光箱对准模特的右侧，为其右侧补光。

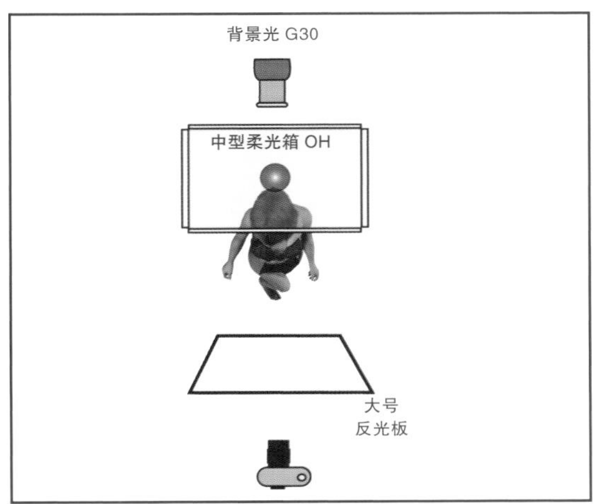

一只安装在大号灯架上的中型柔光箱被安置在被摄对象上方且相对于被摄对象90° 角的位置，距离被摄对象大约1m远。一张大型反光板被放置于相机和被摄对象之间并正对被摄对象的脸和身体。这张反光板为被摄对象的脸和身体补光。一只带有30° 蜂巢的闪光灯对准背景，在拍摄中营造光环效果。

一只安装在大号灯架上的中型柔光箱被安置在被摄对象上方大约1m远的位置。灯光以90° 角照射于被摄对象。

左图 如你所见，本页上的最后两张照片是截然不同的。拍摄这两张照片的过程中唯一改变的因素是光线投射在模特身上的方式。想要形成这样的影像，我们需要一些光线来照亮模特的每一部分并增强布景。绿色的裙子是充满生气的，她的头发从背后被照亮，她的皮肤也被均匀地提亮。反光板用于柔化阴影，而模特与背景的分离达到了极致。这是一张精美的肖像摄影作品。

右图 这张图拍摄得同样十分漂亮，但与前者却截然不同。光线直接射入镜头，所以模特的脸和身体的轮廓被勾勒出来，而裙子的颜色则被减弱。反光板仅仅在模特的特征处稍加细节。背景是光，而前景是捎带细节的黑黑的形状，以此来提升欣赏者对图片的感知力。

拍摄肖像是摄影师艺术性地表达自我的好方法。当你完成了一幅艺术肖像作品，你的顾客会十分感激，同时，你的信誉、名声也会极大提升。在照片拍摄的最后，明白这样一个道理是十分重要的，那就是影像的感觉并非是由相机、被摄对象、布景以及投入的金额营造出来的，真正起作用的是利用光线来提升被摄对象和布景。专业的摄影在于对光线的把握，而好的灯光效果则来自于仔细精巧的布局。

案例教学

接下来，我将介绍一些摄影技巧，这些技巧我曾为不同拍摄对象创造出有效而令人信服的再现效果。注意，一些设置组合可能与接下来拍摄的类型相似。

翻新旧照片

作为一个商业摄影师，你最近的作品最能代表你——不是你最近的收费作品，而是你最近拍摄的展示给在线观众的作品。这就对了——就是你的观众们。近些年来，只给你的客户留下深刻印象已经明显不够，而应让更可能多的人为你的影像所倾倒。客户们都意识到了如果你无法让自己的作品给一小部分人留下印象，那么你也许就不能帮助他们拍出他们所需要的那种引人入胜的广告作品。

这张照片，曾经在我的档案本里，现在是我所用的宣传资料的封面

在商业摄影这一行，技术进步最大的好处就是你可以将它们应用到老的系列作品上来，创造出能再次在业界里大放异彩的夺目的“新”作品。通过采用这个手段，你可以充分展现自己的PS技巧来证明自己能够跟得上潮流以及进行视觉变革。

这张时尚照片是几年前在我的工作室完成的。我将一架G30放在离模特上方大约3m高的斜臂上。由于光源的高度，导致光影的转换非常自然。一个中型柔光箱被放在模特左后方4.5m处，用来制造出细腻的背光效果。将一块白色的大反光板放置在相机与模特中间以增加模特下颚和衣服部分的光。这样就给这张照片一种更加柔和、更加专业的感觉。

我很喜欢这幅作品，但已有很多年没有向别人展示过，因为它是一张老照片。为了翻新这幅作品，我将它在Photoshop中打开，把色彩调整的更加饱和灵动一些，然后用自定义笔刷刷上了烟雾的效果。

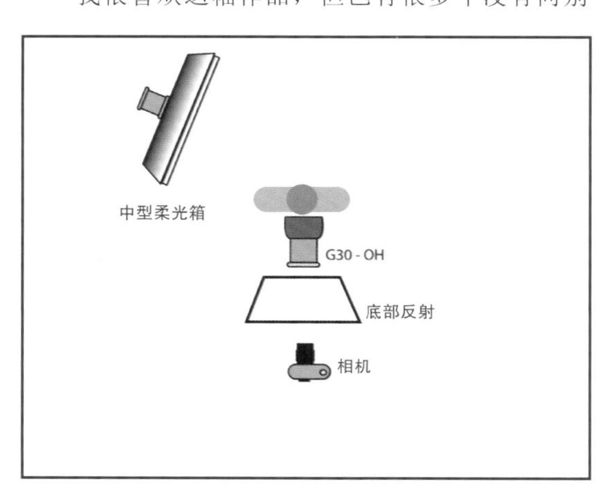

我的客户和一些观众很喜欢这张照片。这张照片，曾经在我的档案本里，现在是我所用的宣传资料的封面。

相机：玛米亚645AF，飞思数码后背
镜头：80mm
曝光：1/125秒，光圈F11，ISO 100
白平衡：日光
光源：L1=0.9m × 0.9m柔光箱侧后方，L2=30° 蜂巢栅格，顶光
电源设定：L1=50%，L2=100%
现场人员：摄影师、摄影助理、模特、化妆师

黑白照片

永远别害怕交给客户的是黑白作品。有时候这正是任务所需要的东西。

在这个章节里，我使用的是一块栗色的细纹布背景。模特的衣裙是白色的细纹布，她的头发是棕色的。这些颜色都是分散的。使用黑白拍摄手法让我得到了一张有视觉影响力的较简洁的作品。

永远别害怕交给客户的是黑白作品

我将一架G20的蜂巢箱固定在背景处1.8m的高度来捕捉理想的闪光效果。一块1.8m×1.2m的柔光屏被放在模特的右侧。两个灯被放在柔光屏后方的P1处（但有一点偏离中心）。一块被放在相机和模特中间的大反光板将光源反射到模特的身上。这使得模特身上的光影转换显得更加柔和。最后，我用一台架设在1.5m高度的G40对模特的左侧做出了包围的光影效果。

相机：玛米亚 Rb67，柯达 TMAX 100
镜头：80mm
曝光：1/60秒，光圈 F16，ISO 100
光源：L1=G20，L2=G40，L3/L4=两块透射柔光屏
电源设定：L1=100%，L2=60%，L3 /L4=100%
现场人员：摄影师及其助理、模特和化妆师

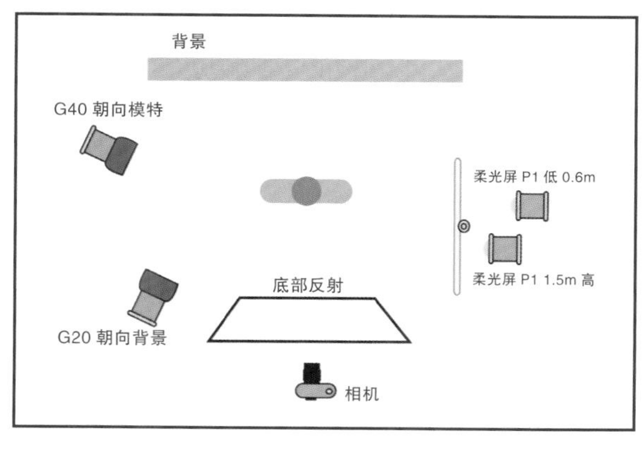

轮廓锐利的肖像

要在业界里做到最好，你必须能够拿出结合个人风格、情感强烈、集独创性和艺术性特质于一身的作品，并且在技术上要无可挑剔。你不能无备而来就想在业界里获得成功。你必须每次都做到最好。

一个穿着笔挺西服的人将这份任务交给了我并告诉我可以完全按照自己的想法来做。我把红色织布固定在天花板上然后叫他拿着红布摆几个造型。最后，他累得躺下了。当他用红布帮自己起身时，这个构图在我脑海中留下了深刻印象。

模特的左方是一架固定在大概2.7m高的斜臂上的G40。它正对着模特的躯干部分，突出着衣服上的尖锥和红织布。它将强光突出体现在了脚上以及地上的光斑。模特的右上方是一个架在斜臂上的中型柔光箱，对准了模特的脸部和帽子。在模特和相机中间的一大块白色反光板为模特的前身加强了光以保证全身光线的分布更加均匀。

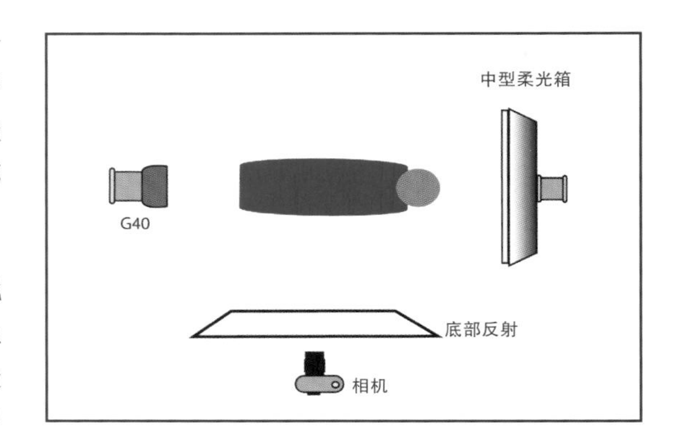

相机：玛米亚 645AF，飞思数码后背
镜头：80mm
曝光：1/125秒，光圈 F11，ISO 100
白平衡：日光
光源：L1=G40, L2=1.2m × 1.2m SBX
电源设定：L1=70%, L2=80%
现场人员：摄影师、摄影助理、模特

照片做旧

懂得何时以及如何让一张照片有复古的感觉将有助于你和你的客户去说服消费者们购买商品，或更加理解你想表达的事物。有如下小窍门。

- 使用一些早期的物件或是老旧的主题事物。
- 污垢和划痕会帮助营造感觉。
- 从侧面用强光照射，柔光板是一种现代摄影器材。
- 对于彩色摄影，尽量使用黄色、橘色以及琥珀色的胶版来制造暖色调。
- 不要过量填充阴影部分，轻度阴影会营造一种现代的感觉。
- 尝试使用传统技术或PS工具给黑白照片加上一层棕褐色的色调来模仿那种电影画质的感觉。

这张照片是在一座旧的建筑中拍摄的——正是这种紧张逃脱气氛的完美背景。我使用电影画质的摄影手法拍下这张照片以获得一种颗粒感，从而增加了旧时期的感觉。模特们穿着的都是现代的衣服，但碎布条的外观更添了复古的格调。布满灰尘而破碎的地板也增添了图像的内涵以及动态的效果。柱子的位置以及质地更加耐人寻味，并让整张图成为了一个整体。又长又暗的影子表明这张照片是在一天之中较晚时候拍摄的，也为照片加深了怀旧的感觉。

一盏装在大反光罩里的闪光灯放在了离主体较远的左方，并立在约1.2m处作为唯一的光源。右方一块大的反光板提供补光并凸显一些细节部分。另一块大反光板被放置在相机与模特中间，用来将光线反射到模特的身上。

相机：玛光亚RB67配备TMAX 100胶片
镜头：120mm
曝光：1/60秒，光圈F22，ISO 100
光源：L1=大型反光罩
电源设定：L1=100%输出
现场人员：摄影师、摄影助理、模特

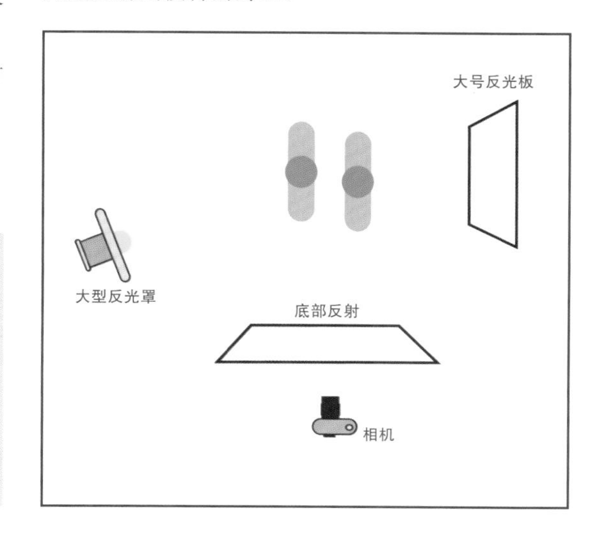

自然光场景的补光

为自然场景补光的目的就是突出环境光并且使观者相信没有使用摄影补光来增强画面感。想象一下一个凉爽秋日里的太阳。阳光恰好能照暖大地而你也可以穿短裤——但当太阳开始落下的时候落日的一丝冷意就体现出来了。在一天之中的一段时间，你在拍摄一位模特的作品集。你想要抓住这一天的感觉吗？你的照片应该是暖色调的，还是冷色调的？窍门就在于做到和自然效果一样的补光。举个例子，如果你想要拍摄一个沙滩球，你可以将强光置于球身的上方来模仿烈日当头的效果。如果你想拍摄昏暗灯光下的照明效果，则用低强度光源透过灯影去用琥珀色胶版拍摄出微暖色调。我希望你们能够理解我所说的这些：如果能正确地为自然场景补光，人的肉眼是看不出来的。

在室外为模特拍摄时装图册写真时，自然场景补光技术是非常有用的。通过使用电池控制的灯光，你可以添加少量的光线来为阴影处补光。在不同的曝光设定下多次测试你的闪光灯。这样的话，你就能选出最好的光线。而且，当你要进行此类拍摄时，记得要带上足够的备用电池。没有什么能比在你的客户和摄影团队面前用尽电源显得更不专业的了！

为了能将模特拍得最好，他们必须喜欢你并且信任你能够拍好照片。我通常让模特预览相机液晶显示屏。以这种方式，他们参与其中并分享他们在整个过程中的体会。你和模特都在共同努力拍摄出尽可能最好的相片。如果你不和模特交流，他们有可能会默不作声，感觉到尴尬，甚至难以共事。

省时策略

当在室外拍摄时，在补光前先拍摄一张纯自然光的照片，测定需要补光的阴影区域或者是需要额外光线的被摄物品。
用柔光布或柔光箱柔化你的用光，以加强拍摄效果。要记住，高光处不要过亮。

为自然场景补光的目的就是加强环境光

为一件产品在工作室里做自然场景补光会困难十倍。为了补光，你必须先测定，当你正常或最终放置好灯具后，现有光线不会被设置好的灯具给反射掉了（例如，一台壁挂电视），然后再想办法去模仿自然光效。设置必须是看起来像真实的设置，而非摄影棚一样的布局。

对于这张照片，我倾向于使用自然场景补光——在柔和的画面中激发出一种夏末秋初的感觉。太阳在模特的身后，仅使用了一个便携照明套件和两个闪光灯来给阴影补光。一台闪光灯在模特脸部的左方，被用来给模特的脸部和身体补光。这个光源放置在一块1.2m×1.2m的柔光屏后面，在P1的位置。主体的右方，我放置了一块1.2m×1.2m的柔光屏闪光灯在P5的位置。这个光源给画面的右部补充了一点光。需要注意到这张RAW文件的曝光是在日光下。照片中所使用的光有一种日光下光线自然下散到阴影中的感觉。凑近看，你会发现没有被光照到的地方会暗一些。

把太阳置于模特身后的这个主意还是很不错的。日光比起作为整体主光，更适合作头发光。虽然这位模特是在树荫下（让她保持凉爽），闪光灯的光还是很完美地将她和阴影处分离开来。在Photoshop中，整体色彩被加强。我选中了帽子的白色和蓝色部分（待售品）并把上面的色调调得比别处的曝光效果更明亮。

相机：玛米亚 645AF 以及飞思数码后背
镜头：80mm
曝光：1/125秒，光圈 F11， ISO 100
白平衡：日光
光源：L1=P1在左，L2=P5 在右，L3=日光
电源设定：L1=80%, L2=60%, L3=100%
现场人员：摄影师、摄影助理、模特、化妆师、客户

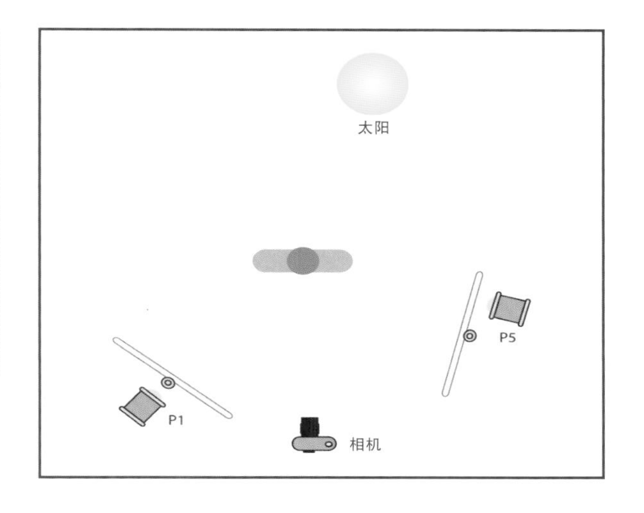

戏剧化光效

在大多数情况下，人们已经习惯了借着头顶的阳光来看世界。通过压缩光线的范围或改变光的方向，你能够创造出一种戏剧化的感觉从而使得观赏者从不同的角度来观看事物。

要成功地拍摄出戏剧化的感觉，有两件事必须要做到：第一，它必须要看起来不同寻常，而且效果必须要突出。记住，我们是靠这些用光技巧吃饭的人，而不是别的什么没用的技巧。

要成功地创造出戏剧化的灯光，你必须先创造出戏剧化的阴影

第二，要成功地创造出戏剧的灯光，你必须先创造出戏剧化的阴影，并且能够掌控所有的用光元素来拍摄出完美的产品。没有什么是意外发生的，至少我们是这样对客户说的。

营造戏剧效果所需要的材料并不昂贵。你可以将一块遮片放在灯前来制造阴影。用镜子也可以将光线反射到场景里来柔化阴影区域。有了黑色金属箔，你可以制造出固定形状或模式的阴影来补充整体的效果。保留下来那些能为最终成品增添效果和感觉的阴影。阴影可以成就也可以毁掉一张图，以及照片的拍摄。

其次，你要去判断何时使用戏剧化光效。以我的经验，你要学会揣摩客户的意愿并以此决定是否使用戏剧化光效，或者只是一些效果不错的照片。

以下的几点将描述戏剧性用光的方法。

- 首先，将被摄物品放在设定的场景当中。
- 先用一个灯来测试一下如何照亮物体：一旦放置好，这个灯就是主灯了。这盏灯前不要放置柔光布。
- 一旦确定了主灯的摆放位置，则开始着手利用反光板或镜子为阴影部分补光，这取决于你所期望的补光强度。
- 一旦为这些部分补光成功，再用第二盏灯为被摄物体打光。这盏灯的强度必须比主灯要弱。
- 这两盏灯放置好以后，现在就是你使用色板的绝佳时机，如果你非常喜欢的话。
- 查看阴影区域。一旦确定了新的阴影部分，你就可以决定是否需要第 3 或第 4 盏灯来创造理想的效果。
- 如果阴影部分过于生硬，用柔光布罩住低强度光源来做补光；光强越弱，营造出的补光效果越细腻。
- 当你把灯光都布置到位了，你就正式准备如何进行最终的拍摄了。

成功的关键

- 不要过度使用这个效果，不然会适得其反。
- 彩色滤光纸能为照片增色不少，但过度使用也会毁掉或是老化一张图片。使用时，应考虑使用至少一个干净而无滤纸的光源。
- 不要让你的阴影部分完全陷入黑暗。在洗印时，这可能会是致命的灾难。
- 戏剧化用光显得很专业，但不要过度使用这项技术。
- 努力创造主题简单而有效的照明。
- 当你为现场布置好了第一盏灯，也就为最终的拍摄做好了准备。

以这张照片为例，我把一个柔光屏放置在了与场景平行的左方。灯源被放在柔光屏的左上方，P2的位置。这盏灯的光照强度是电源的50%，它提供了拍摄的所有用光。被摄物前放置一块反光板，第二块反光板放在被摄物的右方，它们将主要的光线反射到场景中捧满可可豆的这双手上来。

可可粉会弄得到处都是，所以我将照明设备和地板都用塑料布罩了起来。我在相机边上留了一盒湿纸巾，以便当需要碰模特的手时，我可以很快地在触碰装置前将手上沾到的可可粉擦掉。

保持光线柔和让我捕捉到了这张戏剧感十足的画面。在初始曝光设定中，景深很长，这使得我在后期制作时可以控制对焦位置。在Photoshop中，我创建了一个新图层，添加了高斯模糊的滤镜效果，然后将两个图层合并来创造一种手动控制失焦的感觉。柔化的物体表现出了一种美味温暖的感觉。

我喜欢全局对焦，在每一张图像中都留出剪裁空间

我喜欢全局对焦，并为每一张图片留出剪裁空间。用这种方式，我可以在后期制作时，修补在拍摄现场无法处理的问题。

相机：玛米亚 645AF 配备飞思数码后背
镜头：80mm
曝光：1/60秒，光圈 F16，ISO 100
白平衡：日光
光源：P2 左边
电源设定：P2=50%
现场人员：摄影师、摄影助理、模特

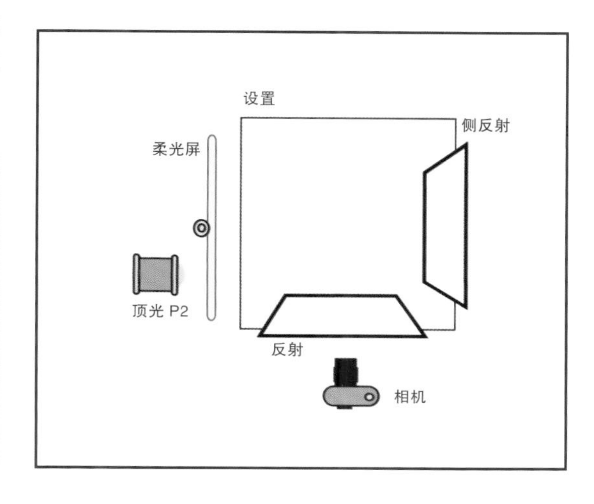

斑纹用光或纹理用光

斑纹用光技术通常用在整体设定已经将要定型，拍摄成片的时候。在这种情况下，场景中通常会有很多组成元素来参与营造氛围。在此种情况下，有两类用光方式就要大展拳脚了：精确的主体用光（以凸显产品或是照片中的主体）以及氛围用光。

可以使用多种工具将阴影投射到墙上或是场景中来

我们在本书前面章节的介绍已经涵盖了很多种精确主体用光的技术。要创造氛围用光，你需要将光打出有纹理的形态，从明到暗以一种不明确的模式展现出来。在背景布光中采用斑点用光，你就能创造出一种细腻而分明的纹理效果。这种分明的效果是突出照片主体所必不可少的。封面上的照片就是使用这种斑纹用光技术的例证。

可以使用多种工具将阴影投射到墙上或是场景中来，但我发现使用中心带孔的黑色泡沫板是最快捷、最经济的将光线斑纹化的方法。这些泡沫板可以被放在现场所使用的灯具前方——只要确保不会改变预期的主体布光设定就行。

同样的方法也可以被用于为室外拍摄的主题增加印象感——比如树叶或玻璃窗——作为投射下来的阴影。我们假设你在拍摄一个桌子上的花瓶，以白墙作为背景。为了增加效果，你可以使用一个由泡沫或另一种在灯架上使用的轻质材料组成的“窗框”，并使用A型夹子将其固定在灯光的前面。这样就可以产生花瓶像是放在家里的自然效果。

为了完成这幅照片，我需要超软的柔和的灯光。用支架支撑起两个1.2m×1.8m的柔光屏放在布景的上方，将柔光屏调到各自所在的最高位置。将一个固定在柔光屏上方1m的裸灯放在一个长3m的斜臂上。用在布景两侧的灯光是为了在物体上呈现出更亮的斑驳的或有纹理的斑点光效。两只大型反光罩用在这里是为了控制灯光的方向。在这些灯

相机：玛光亚645AF配备飞思数码后背

镜头：80mm

曝光：1/125秒，光圈 F11， ISO 100

白平衡：日光

光源：L1 与 L3=大型反光罩，L2=2块顶部柔光屏

电源设定：L1=80%, L2=100%, L3=70%

现场人员：摄影师、摄影助理

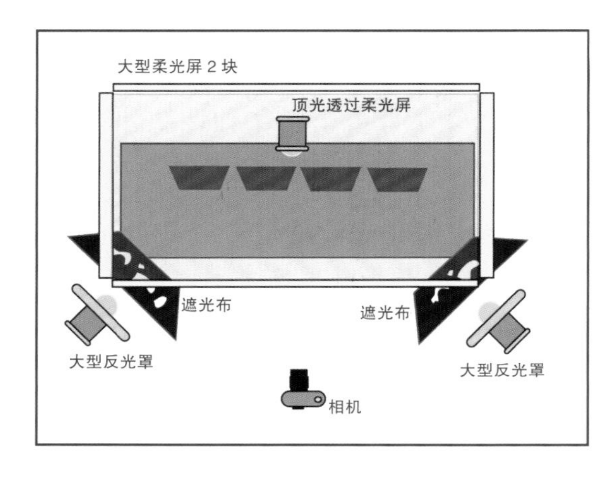

准备拍一张完美的照片

当你采用斑纹布光的照片中包括了多个物体时，要当场把物品都清理一下，并保证不在要拍摄的产品上面留下指纹。现在的这些小清理可以为之后的电脑润色工作省下不少功夫。

光的前面是两个有着很多孔的用来产生有机形状的图案插板。灯光通过这些孔照射，就能够产生光斑或纹理的光影效果。柔和、明亮的灯光聚集在一起能够使容易变平或无聊的曝光产生深度和美丽。

当你想要创作出这样的照片，如果可能的话，最好要保证你的颜色处于同一色调

这张图片的构成由三个元素为引导：被摄物体的颜色、被摄物体的大小，以及灯光照射在被摄物体上的方式。

肖像

肖像摄影的用光有无数种方式，但投射在生动的模特上的灯光要能够传达出关于被摄对象的视觉信息。这就叫作目视判读，是每个摄影师的工作。就像我之前说过的一样，你在摄影方面的突破可能是通过一幅完美的肖像表现出来的。永远不要低估了任何你正在拍摄的摄影作品——尤其是肖像。一旦你交给客户你的肖像摄影作品，它们就会通过互联网在一瞬间被发布。人们通常有两种反应：赞美或者厌恶。当你给任何人拍照时，确保做到最好，并像大师一样去布光。我的拍摄任务是为科罗拉多州丹佛的著名DJ拍照。为了和他的音乐契合，我必须把人物放在一个特定的新潮环境中。

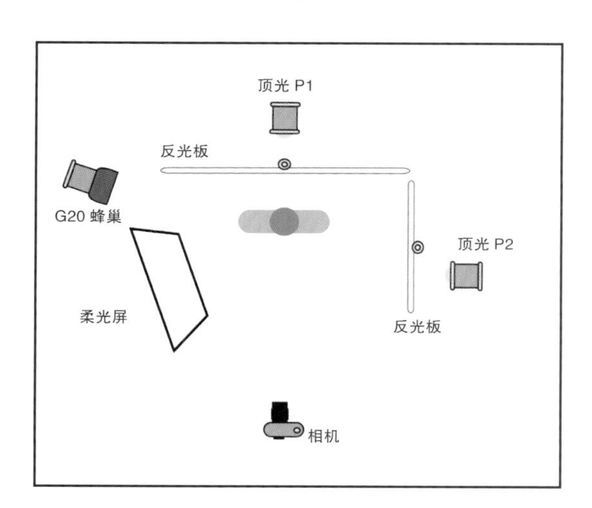

相机：奥林巴斯E-5
镜头：12–60mm
曝光：1/125秒，光圈 F11， ISO 100
白平衡：日光
光源：L1=G20, L2=P1, L3=P2
功率：L1=100%, L2=60%, L3=50%
现场人员：摄影师、助理、摄制组、演员、代表

为了在图像中得到强光的照射，我用了3盏灯和一个反光板

这是用相机自带的黑白颗粒的滤镜模式拍的黑白照。在Photoshop 中，我使用自定义画笔在人物的头顶创建了一个星形效果。如果我没有将背景上的背光突出出来，这个技术就不会成功。

为了得到强光照射效果，我用了3盏灯和2个反光板。我在模特身后放置了一个1.8m见方的柔光屏，在灯头指向柔光屏中心的位置放了一盏裸灯。在相机右侧，放置了一块1.2m×1.8m的柔光屏，裸灯灯头指向柔光屏中心偏左的位置。在左侧，模特后面一点的位置，我放置了一个20°蜂巢，约2.5m高，直接对准模特的面部。 这样的照明可以产生一种环绕的效果。

蜂巢顺光照明

这种方法可以被看作是时髦的肖像照明。这种顺光照明技术十分适用于颧骨突出的模特。虽然这张图像中的许多效果和色彩是通过PS添加的，但是所有的照明都让图像具有生命力。就像我之前提到过的，创意和前卫是成功作品的重要组成部分，并且这些作品能够很好地将你的职业发展前进。作为一个专业的摄影师和艺术家，必须要精通PS。要学会拍摄照片后考虑用PS进行曝光。这样能够让你尽可能地发挥创造力并且能够呈现在技术上完美的图像给甚至是最苛刻的客户。

创意和前卫是
成功作品的重要组成部分

为这幅肖像作品打光，我使用了一个20°蜂巢直接投射在模特的脸部。打出了一种干净的，方向可控的光线。为了保持整个画面的明亮，在相机右侧的位置我放置了一个前部有大型反光镜的1.6m见方的柔光屏。在场景的右后部，我用了一个40°蜂巢灯光直接照射在模特的头发上。这种背光使得她的头发得到了高光和光晕，并从背景中完美的分离出来。

相机：奥林巴斯E-3
镜头：12-60mm
曝光：1/125秒，光圈F11
白平衡：日光
光源：L1=20° 蜂巢，L2=40° 蜂巢，L3=灯头指向柔光屏中心
功率：L1=100%, L2=40%, L3=40%
现场人员：摄影师、助理

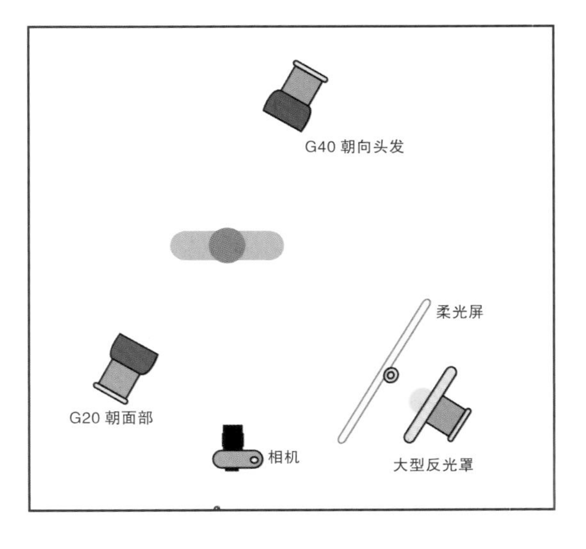

时尚摄影照明

当你给时尚杂志拍摄时，唯一真正的法则就是利用有趣的灯光去展示衣服或妆容。如果客户很满意，你就得到报酬，并还会有机会继续为其工作。这就证明你的工作做得很好。在计划拍摄期间，你必须确保所选择的布光充分适合要出售的产品。

我通常会给团队展示整个图像的理念。这会让每个人在拍摄之前保持轻松的心态。一旦模特十分自信，她就看起来极其出色，你也会得到她的信任。当你的客户看到你将工作控制得很出色，他会很开心。

当给模特拍照时，她对镜头感到舒适是最重要的。在这个案例中，模特的妈妈站在布景旁边以确保未开展的工作按照原计划进行。

简单的灯光会带来简洁大方的效果。有些时候太多的灯光反而会感觉很乱。对于这张照片，我在布景的右侧布置了主光，光线通过柔光箱里的两层柔光布投射在模特的脸上。这就产生了整体柔和的照明。为了在模特面部得到一种更加有效的环绕光，我在左前角使用了一个反光板并且调整角度让光向上投射在模特的下颌和她一侧的脸庞。用20°蜂巢对准背景墙，照亮她身后的区域，将其与背景分离。

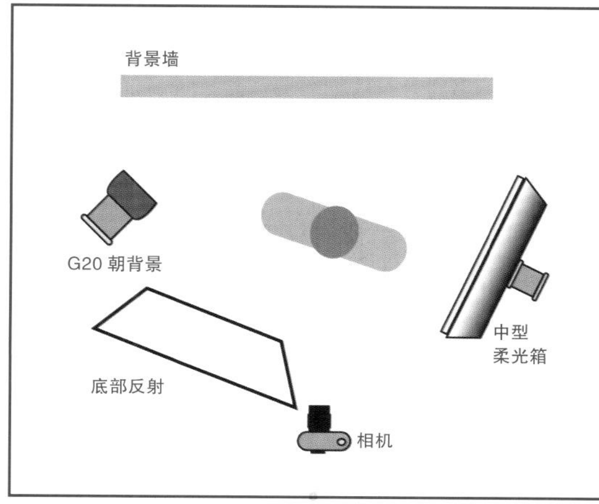

相机：飞思
镜头：80mm
曝光：1/125秒，光圈F11，ISO 100
白平衡：日光
光源：L1=G20, L2=MD/SBX
功率：L1=80%, L2=100%
现场人员：摄影师、助理、化妆师

商务肖像

几乎所有的公司都想要使宣传照看起来有行业领先的感觉，并认为图像传达出企业的形象。他们想要通过自信、有力及成功去诠释他们的领导人及产品的形象，并用这些形象去提升公众的信任感。为了获得这些感觉，你需要扫清所有的障碍——用多种设备来完成。

当为公司老板进行拍摄时，时间至关重要

创作一张简洁和高技术水准的照片是一个巨大的挑战，所以在出价前要确保有一个符合实际的预算。让那些艺术指导知道，好的摄影作品也可以是不昂贵的。确实，采用专业的模特和美丽的场景将会增加预算，但是要确保让你的客户明白最后不一定会创作出一个完美的作品。当给公司领导拍摄时，时间是精华。你最好的做法是先搭建拍摄场景，然后找模特来测光。一旦一切就位，你就可以召唤被摄对象进行拍摄了。下面这些提示可以确保你成功。

相机：飞思
镜头：12-60mm
曝光：1/60秒，光圈F22，ISO 100
白平衡：日光
光源：L1=G20, L2=G40, L3=中型柔光箱，L4=G40
功率：L1=30%, L2=60%, L3=100%, L4=30%
现场人员：摄影师、助理、模特、客户、外联

- 避免僵硬、扭曲脸部的阴影。被摄对象应该展现出诚恳和成功的感觉，就像任何人都可以和其做生意。
- 要有专业素养。你可以在你熟知的领域开一些玩笑，但是切记商务环境与艺术性的普通摄影棚的环境是大不相同的。
- 要牢记你的客户永远是正确的。

一种拍出佳作的方式是，用带有许多孔的明亮背景，将模特或主体照射得更亮。在主体的前面使用闪光在它的下面创造出一种相对于主体和背景明亮清晰的隔离。

另一种有效的方式是拍一张只有微光的暗调照片。只加入最弱的高光让观察者们了解到他们看的是什么，剩下的图像仍然保持是暗调的，让想象力填补空白。我意识到客户会对他们的图片所要呈现出的效果有不同的想法，但上述的图片类型，在竞争激烈的行业中许多大公司都已经采用了。

在商务肖像中，拍摄角度非常具有表现力。通过不同的摄影角度，你能够创作出风格迥异的照片。

不要害怕尝试。在广告界，不同的拍摄角度将使你的照片与其他人的区别开来。

在商务肖像中，拍摄的角度非常具有表现力

这张照片展示了一名商务男士在一家商务酒店办理入住。这张照片需要展示专业性、信赖以及科技的使用。

这个设置包括4束光。一个40°蜂巢放置在相机左侧在高支架上，被用来照亮地板。还有一个差不多1.5m高的支架上，一只带有琥珀色滤光纸的20°蜂巢用来直接照射在操作电脑的模特面部。

相机右侧一个在1.5m高的支架上的40°蜂巢将光投射在模特的脸和肩膀上。相机右侧是一只在1.8m高的支架上的中型柔光箱，被放在与模特水平的位置，光主要照射在模特手举电话的部分。图中电脑的屏幕是在后期Photoshop中添加上的。

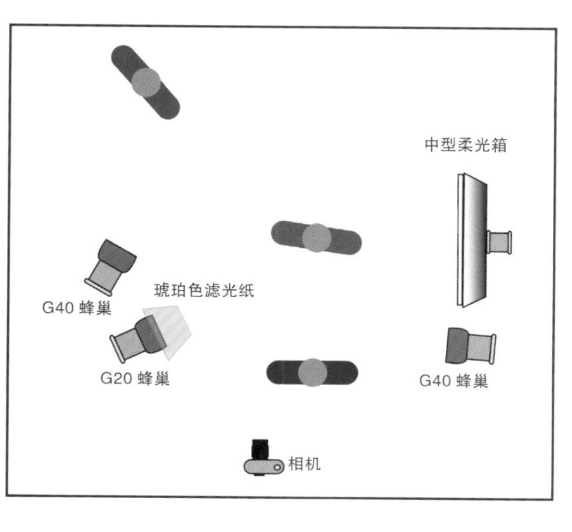

镜头眩光

当非成像光直射入镜头或者从一个物体上反射进镜头，眩光就出现了。它会以一种明亮的形状或线条出现在你的图像中，甚至会使颜色泛白。有时候你能够立刻辨别眩光，有时候很难察觉。窍门是需要预估色彩饱和度，如果色彩泛白，你可能就遇到眩光了。眩光有时候也会降低对比度，从而使图像难以辨认。

眩光有时候也会降低对比度，从而使图像难以辨认

对于这个画面中，我在一个阴暗寒冷的滑雪缆车厢中进行了布光设置。前景放了两个裸灯，分别放在模特和车厢的两侧。两个裸灯都放在4×4（英尺）见方的柔光屏后P1位置。第三盏灯安装在影棚灯架上（裸灯），置于拍摄台后方，直接对准相机。由此形成的眩光制造出一种立体感，并将封闭黑暗的车库照亮。

眩光并适用于每张照片，以下几条建议是关于防止出现这类现象的。

- 当在浅色表面上对产品进行拍摄时，尽可能将黑卡靠近主体。
- 将直射进镜头的灯光移开，或将黑板放置在灯光和相机之间。这看起来好像太过于谨慎，但总比冒险好。
- 当拍摄的照片将在Photoshop里被裁剪时，避免使用明亮的色调。明亮色调会影响白平衡，会造成色彩的叠加，甚至影响曝光。请使用较暗的中灰背景。
- 在拍摄前，在镜头上缠绕一长条黑纸，但是要确保纸张不切入页面。
- 在黑色的泡沫中剪个洞，将镜头穿过它。这样在拍摄时，就可以防止相机的任何微小部件所产生反光被记录下来。

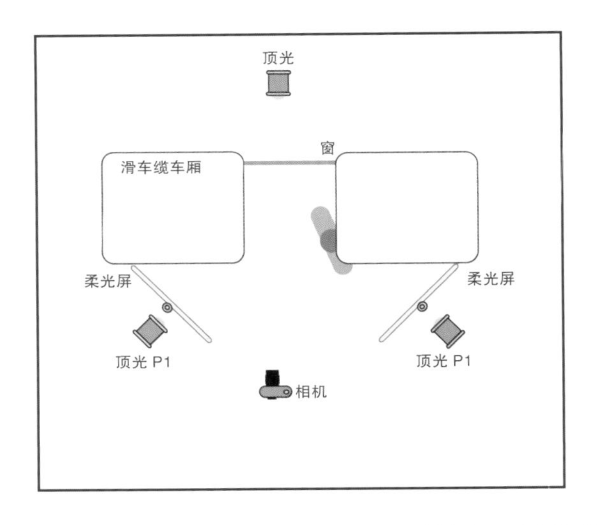

相机：飞思
镜头：80mm
曝光：1/60秒，光圈F16，ISO 100
白平衡：日光
光源：L1=P1, L2=OPN, L3=P1
功率：L1=70%, L2=100%, L3=70%
现场人员：摄影师、助理、模特、客户、录制人员、化妆师

炫光

如果需要炫光，你必须明确加在摄影中的光晕不会让色彩失真。为了达到效果，将物体放在你和闪烁光源的中间并让一些微弱的灯光在物体周围闪现。如果再有需要，加强主光源，选择较小光圈，降低闪烁光源的输出以最小化疵光。

水泼出去的瞬间捕捉到的光，增强了整体的视图效果

这里，一盏裸灯置于中心位置的柔光屏放在相机的右侧。一块亚克力板被放在产品和柔光屏的中间去柔化光束并在瓶子的周围产生白色轮廓。两个20°蜂巢调成面向镜头的角度。一块反光板被放在主光的对面，产生了显示瓶子周围长度的白色轮廓，增添了专业质感。

一点小光斑产生了巨大的效果。我们将造型灯开到1/3的功率，打开闪光灯，按动快门，确保造型灯光和闪光的混合营造一种美丽的炫光。快门速度是1/125秒；越长的快门时间会得到越明亮的炫光。

水花和水雾捕捉到的光线增强了整体的视觉效果。这像是拍摄一幅广告画面，因为能产生一种动感，色彩和活力的爆发。

这种方法和“日光灯加钨丝灯混合”的技术很类似。对我来说，当使用暖光拍摄时，就没什么区别了。为了中和色彩，请使用相机中的灰平衡功能。

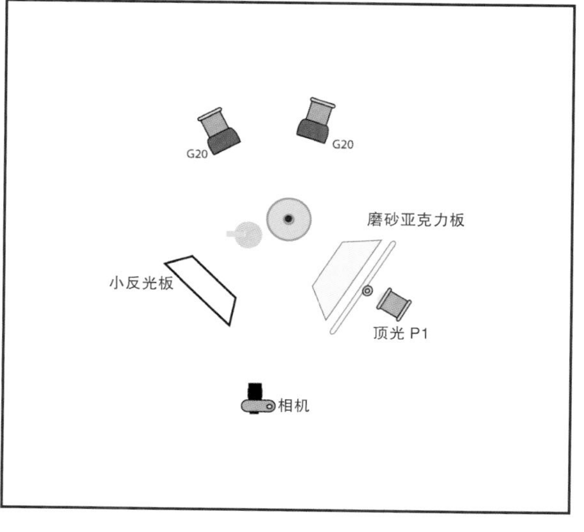

相机：飞思
镜头：80mm
曝光：1/125秒，光圈F22，ISO 100
白平衡：日光
光源：L1=G20, L2=G20, L3=P1
功率：L1=100%, L2=100%, L3=80%
现场人员：摄影师、助理、客户

美食用光1

美食的照明可以说是非常烦琐的事情，但是接下来的小贴士将会帮助你创作一张很棒的摄影作品。

- 当拍摄肉和面包时，用一个带软琥珀色滤光纸的顶灯。这会营造出一个你正在厨房或餐厅拍摄的感觉。
- 用蜂巢或聚光灯，在圣诞火腿、感恩节火鸡或者图片中的其他物体上制造高光。你可以柔化这些光线，但是不要过度。
- 使用足够的补光。黑色的阴影会降低食物摄影所传达出的视觉的味道。
- 在食物上方和前方使用柔和的主光。不要使用暖光。最好是确保这些光源有自己的电源组，你就可以自主地控制功率输出了。

在食物上方和前方使用柔和的主光

- 在需要阴影的地方放置黑卡。这里会需要使用斑纹用光。
- 场景布置对食材造型、客户和你自身来说，要确保方便且安全。否则，有些人会绊倒，导致一些灾难性的事故发生。准备充足的毛巾和一些清洁物品在手边。
- 保持拍摄的简洁，对于饭菜最重要的是让观者的注意力放在食物上。避免过于花哨的拍摄，尽量接近你的拍摄主体。
- 使用浅景深，这会使画面中有个清晰的焦点。这种技术对于许多单盘的食物和大多数饮料很适用，尤其是当你从物体上方拍摄时。

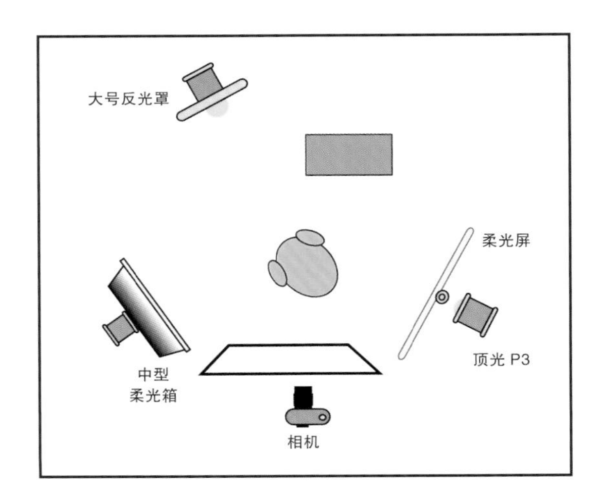

- 避免让你的拍摄主体受到强光照射。通常一个单一的主光源，外加一个在物体背后增加一点微光的强调光就能够满足所有的需要。

当然，拍摄食物还有很多种不同的方式，采用这里提供的小贴士，就好像你已经建造好了房子，唯一需要做的就是装饰。不要被你的第一幅食物摄影作品吓到。只要牢记你是在看起来绝对好吃的东西拍摄美丽的照片而已。通过使用一个简洁的主光和温暖的补光，你就能创作出令你的客户满意的视觉氛围。

像这样一个场景，对食物摄影师来说属于最复杂的情况。如你所见，有许多表面值需要控制，如鸡皮、面包片的质感，土豆沙拉、生菜的绿色、纸质包装袋的亚光效果。

我用了三盏灯来照亮这个场景。尽可能少用灯，每增加一盏灯都是新的变量，你就会越难控制。左后方用一块大反射罩来营造整体高调的感觉，在机位左侧放置中号柔光箱以使产品前方突显真实感。在拍摄区右侧，我将一只裸灯放在P3位置并前置柔光屏，为场景补光来减轻阴影。在相机和食物之间放一块反光板，将所有光反射到这只鸡身上。

相机：奥林巴斯E-3
镜头：12-60mm
曝光：1/125秒，光圈F11，ISO 100
白平衡：日光
光源：L1=MD/SBX, L2=LG/REF, L3=P3
功率：L1=70%, L2=100%, L3=80%
现场人员：摄影师、造型师

当需要制造阴影时，请放置黑卡

美食用光2

这张照片是在餐厅的正常营业时间内拍摄的，我只能利用尽可能小的空间来完成，因为餐厅还在营业，这种情况经常发生。拍摄步骤是这样的：①用一块1.6m见方的木板用来放置食物，将闪光灯头放置于P3位置，前面是一块大的柔光屏，灯头下压并指向食物的位置；②在右后方用一个大号反射罩来营造食物和餐盘上方的高光感，在拍摄台的右前方安放1.6m见方柔光屏，闪光灯头在后方并处于P1位置；③将一块反光板置于相机与食物之间，用来柔化餐盘上的阴影。

相机：奥林巴斯E-5
镜头：12-60mm
曝光：1/125秒，光圈F8，ISO 100
白平衡：日光
光源：L1=P3顶光, L2=大号反光伞, L3=P1
功率：L1=80%, L2=100%, L3=60%
现场人员：摄影师、助理、厨师

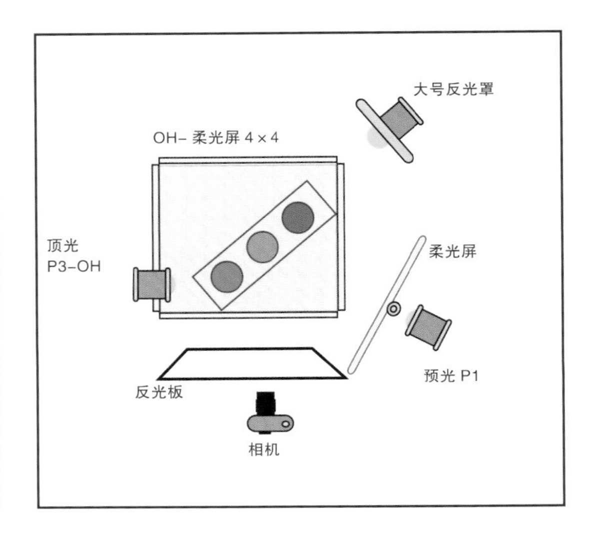

饮料用光

当你拍摄饮料时，你是在利用两个矛盾的元素——水和电。令人震惊的是，这两者居然可以融合得很好，你需要保护设备，不被溢出的水和飘散的水花打湿。一般可用塑料袋和塑料布来做防护，把接缝用灰色胶布粘上。这样可能会让你在使用电箱时觉得困难，但是能够保护好你昂贵的器材，何乐而不为呢？

拍摄时绝不要自己去倒饮料，请助理倒饮料，你来拍摄。用水桶来接漏下来的水并储存，手边备好一些毛巾以便随时清洁。

拍摄水花是很有意思的，如果拍得好，会为摄影师个人的作品集增色不少。用高速快门和尽量短的闪光间隔时间来拍摄，闪光灯越快到达它的最大亮度，你就能更好地捕捉水花凝固的瞬间。

这张照片，我利用亚克力“冰块”来充当真冰，布光及曝光就绪后，我将产品放入拍摄区进行拍摄。杯子会在曝光间隙被激起水花，被水花整个包围起来。这样饮料看起来很冰爽。我用两个同样大小的柔光屏分居机位两侧，用裸灯置于P1位置。将一个带有10º蜂巢的灯放置于斜臂并打向饮料顶部（焦平面上）。在Photoshop里，我将瓶身抠出来，替换成蓝白相间的背景，并用自定义笔刷给瓶身加上更多的水花，这样看起来有一些液体流动的动感。

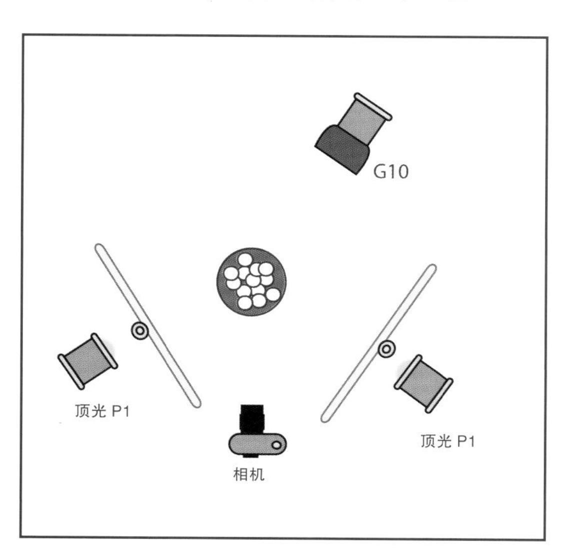

相机：奥林巴斯 E-5
镜头：12-60mm
曝光：1/125秒，光圈F11，感光度100
白平衡：日光
光源：L1=P1，L2=G10，L3＝P1
输出功率：L1=70%，L2=100%，L3=80%
现场人员：摄影师、助理及一把拖把

室内建筑空间用光1

当你观察一个房间时，记住当你拍摄像有纵深感时，你要把对象进行二维成像。就像画面一样，最好是从各个角度加以观察。阴影部分就像暗调了，展示出被摄物的大小和立体感。高光，则是照片中要突出的特征，即能够展示被摄对象的美和重要，是这张图片的中心思想。

尽管本书中的室内建筑照片都是在长方形的房间中拍摄的，但作为摄影师，你要能够在各种形状和不同大小的房间内拍摄。随着太阳位置的改变，室内的光线也会不断变化。这里的照片只是作为范例，现场拍摄要根据实际情况调整用光方案。

室内建筑用光最简单的方案就是将光直接反向天花板，以得到大面积柔和的散射光，使房间内的各种颜色能够还原准确，创造出看似自然的光源效果。一旦你决定好用几只灯向天花板反射及其安放位置后，你就可以再追加补光，让阴影区域展现出细节纹理。

在室内布光，要确保被摄物只投射出一组影子。过多的阴影是场景中添加了人工光源的明确信号。要记住，你所追求的是自然的效果。

室内建筑用光最简单的方案就是将光直接反向天花板

就在几年前，拍摄室内建筑时需要一大队工作人员和几支灯，那时我用4×5大画幅相机——特别适合应对室内拍摄时镜头的变形和扭曲给照片带来的影响。如今数码时代，我只需要一组灯和Photoshop后期制作的技巧就可以达到想要的画面效果。

下面这张照片我准备得比较充分，现场拍摄的时候做了很多种尝试，这是仅用现场光拍摄的完美范例。

照片要显示出室内外的光线。当室内的灯光打开时，窗户边缘会形成光斑，影响视觉效果。因此，我需要拍摄两张不同曝光的照片：一张针对室内（白平衡调整到钨丝灯模式），一张针对室外（白平衡用荧光灯模式，关闭室内光源）。为了获得全景照片，针对室内和室外分别拍了5张照片，最后在Photoshop里进行合成拼接。

首先固定机位，拍摄室内外曝光合适的两张照片，然后再旋转相机拍摄接下来的照片。一旦拍到了想要的效果，就输出并在Photoshop里进行合成。在图层面板中，将两种曝光的图层放在其他图层上方，针对夜晚曝光的室外场景的图层放在下方，用橡皮擦擦掉上方蒙版图层中的窗户部分，让夜晚的窗户显现出来。这样最终的照片给人一种一次性完成的曝光完美的感觉。

在Photoshop里，将多余的线缆、绳子、插头都修掉，矫正透视，最后加上场景中没有的两个枕头，是不是看不出来？

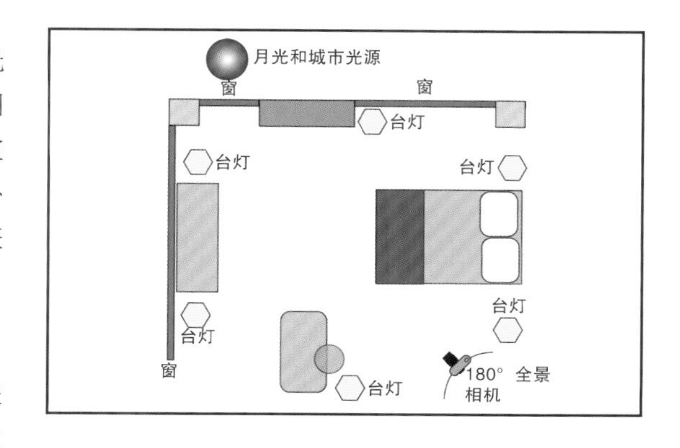

相机：奥林巴斯E-5
镜头：12-60mm变焦
曝光：5秒和2秒，光圈F22，感光度100
白平衡：钨丝灯、荧光灯
光源：现场光
输出功率：无
现场人员：摄影师

室内建筑空间用光2

这是一间漂亮的房间，我有一个很棒的拍摄角度，力争让你看到这个浴室照片时会感到房间很高档、很舒适，想住下来。

拍摄这张照片只用了一盏灯，DynaLite牌闪光灯头指向天花板，得到反射的散射光。我拍了三张，分别针对照片里的高光、中间调、阴影部分进行曝光，并在Photoshop里用HDR功能进行合成；然后用可选颜色工具对画面的颜色进行调整，让画面整体上变暖，而冷调的区域保持不变。

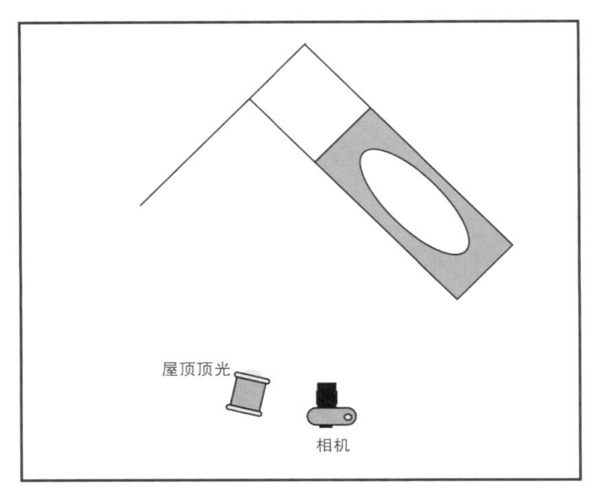

相机：奥林巴斯E-5
镜头：12-60mm变焦
曝光：1/5秒和2秒，光圈F18，感光度100
光源：L1＝造型灯
白平衡：钨丝灯光源：现场光
输出功率：L1＝100%
现场人员：摄影师

科技产品布光

高科技型产品布光复杂，但是却能取得不错的收入。这些具有挑战性的拍摄对象从各类玻璃制品到激光束，再到你所见过的最小的微型处理器。你要做的就是让照片看起来简洁而时尚。一种方法是用尽量白的光线包围主体，并用带柔光纸的灯头打向背景，或者利用蜂巢和聚光工具构造一个弧形，有时候可以同时使用两个方法。

用尽量小的灯去拍摄。把灯指向墙面以制造柔和的光线，这样相对于安装柔光箱来说节省了不少时间。如果你想让场景看起来光线是从顶部来的，可以在灯前放上黄褐色的滤光纸，灯头指向天花板打出反射光。

当在科技类大学校园拍摄时，也许你会想带一系列的镜头去拍摄大到房间，小到动植物的照片。很多实验室空间狭小，所以带广角镜头很重要；有时候也可以用长焦镜头取得浅景深，以把主体与分散注意力的背景分离开。

你需要一位值得信任的摄影助理帮忙移动摄影器材。你会疲于拍摄从实验室到CEO等各种照片，如果没有助理，你会感到筋疲力尽而难以完成拍摄任务。

许多科技型产品都是高反光的，本例中我选择了一个比较高的角度，避免很多反射，构图合理，以此营造一种高科技的感觉。

最后，还有以下一些小技巧推荐给读者。

- 拍摄前一定要充分估计在用光上的挑战。
- 找出你能碰的和不能碰的东西。
- 带好清洁工具。
- 科学家毕竟不是职业模特，但是良好的光线布置会令他们看起来神采奕奕。

相机：飞思
镜头：80mm定焦
曝光：1/60秒，光圈F8，感光度100
白平衡：日光
光源：L1＝P1位置
输出功率：L1＝100%
现场人员：摄影师、客户

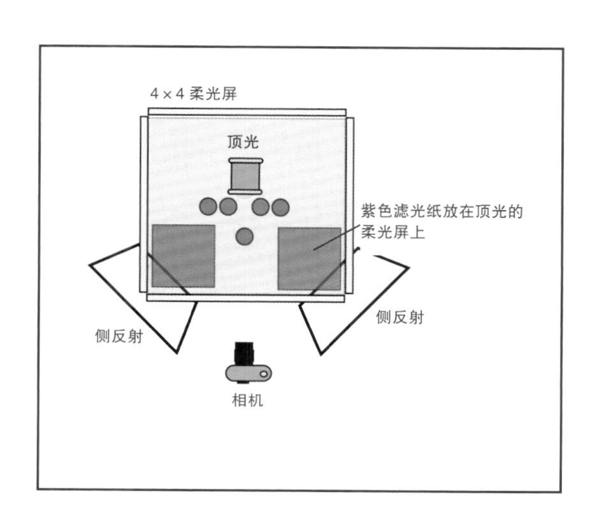

医疗布光

当为病人和医护人员拍摄时，在用光上要传递出一种信任的感觉和安静的气氛。模特会努力保持这种感觉，但要由你去强化凸显它。当病人与医护人员看起来和谐相处时，这就是一幅成功的医疗摄影作品。用自然而偏暖的色调可以给人带来平静温暖的感觉。有的拍摄则要求画面表现干净冰冷。在了解到图片的最终用途后，你就可以确定照片要传达的感觉了。

在医院或者病房这种枯燥的环境中拍摄时，想要创作出有趣味性的照片是很难的。建议靠近被摄对象拍摄；医院中医生看护病人的流程中，拍摄特写镜头很多时候能够得到不错的结果。当拍摄整个房间的全景时，尽量把植物或者暖色的事物囊括到镜头中，这样能够给观众少一些冰冷的感觉。

不要害怕健康状况不佳的模特，他们也同样渴望被同等对待。过于同情会让模特感觉糟糕或者不自然，从而毁掉整个拍摄。

相机：飞思

镜头：80mm定焦

曝光：1/125秒，光圈F11，感光度100

白平衡：日光

光源：L1=P1位置，L2＝带20º蜂巢，L3=裸灯，L4=带20º蜂巢，L5=P1位置

输出功率：L1=70%，L2=100%，L3=50%，L4=80%，L5＝100%

现场人员：摄影师、助理、客户、模特、工作人员、造型师

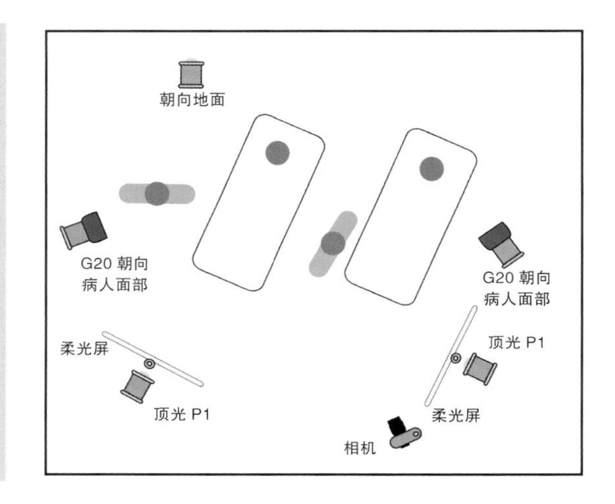

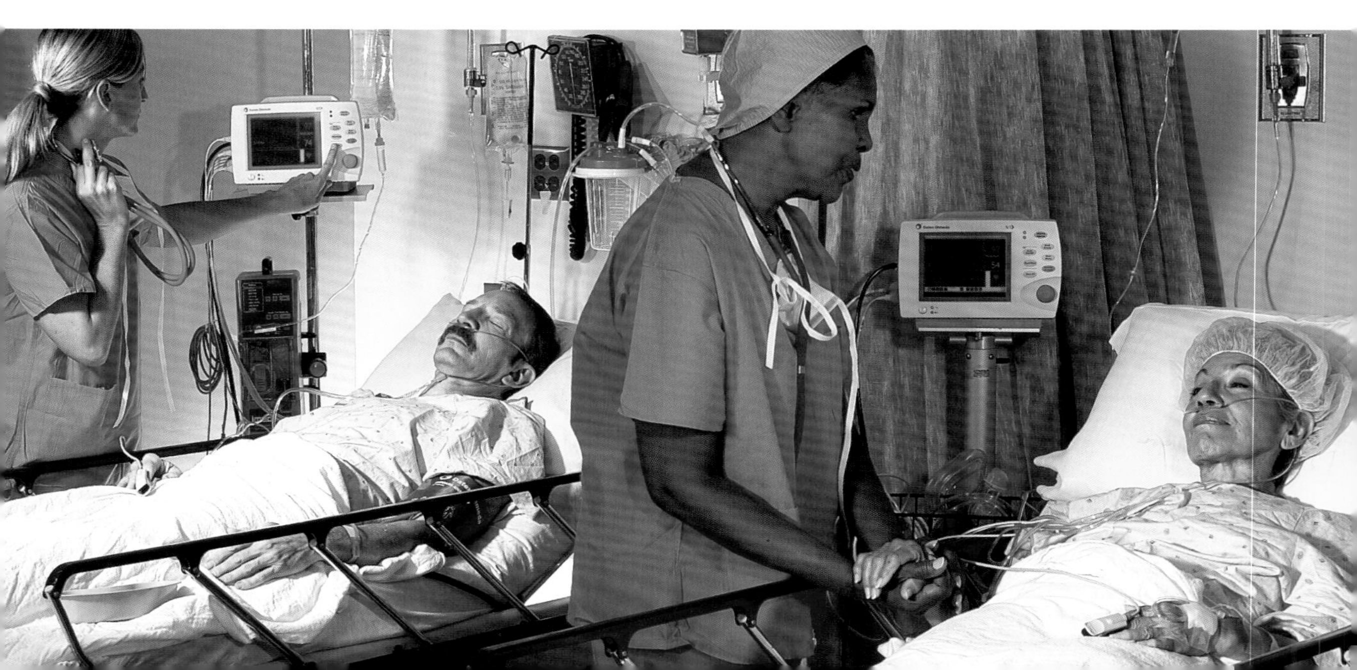

在护理间拍摄时，需要一定的护理常识和谦逊的心态。动作要适当加快，因为很多健康状况不佳的模特会容易疲惫；随时会有可能发生紧急状况，置你及四处散落的设备于不顾。一定要将你的所有设备归置到拍摄场景周围以便于管理。把线缆都用胶布粘好，防止有人在跨过时绊倒。让现场的每个人对闪光灯都要有所适应，有些情况下可以关闭闪光灯，你肯定不想吓到病人。

你要控制好拍摄流程。在医院拍摄的时候，控制现场会更难，这是由现场的气氛和环境决定的。你没法和在一个轻松的环境里一样开玩笑和找乐子。

在医院拍摄，布光上的最大困难就是病房不是为了拍摄而设计的。天花板普遍不高，而且往往没有角度放置灯具。你大多数时候只能从前侧照明，没有背光，没有侧面的聚光，没有顶光。艺术指导常常认为我们既然有数码相机，我们可以搞定一切困难。的确，他们是对的。

- **这些小贴士可令你的工作安全并高效。**
- **把线缆用明亮的胶布粘在地上。**
- **与值得信任的摄影助理合作。**
- **做好可能会看见一些令人恶心的东西的心理准备。**

这次拍摄我们必须快速完成。在急诊室里，所有人就位，紧急支架起5盏灯。首先，支起两块1.6m×1.6m的柔光屏，并将一盏裸灯放在P1位置，照亮整个房间；然后，用加上20º蜂巢的灯直接打亮病人的面部；最后，为了营造出前、后景的反差，将一盏灯打向了房间左后方的角落。后期制作时，用Photoshop软件给整个照片加上了蓝色影调。

布光成功的关键

- 在实验室布光，将主光打向天花板反射下来，可造成一种大面积的顶光的感觉。
- 为了让设备看起来高科技或很现代，多准备一些蓝色、绿色、品红的滤光纸放在灯前。在拍摄医疗器械的时候避免使用红色的滤光纸。
- 避免现场的凌乱。
- 后期制作的时候加强颜色及情绪的效果。

汽车外观布光

当给汽车外观布光时，你需要更大的光源来照亮更大的区域。汽车外部的材质比较光滑，有大大小小的弧度。布光的时候要用大面积的光源包围这些曲线，但也会导致一些不需要的反射。这要求你非常小心地去处理这些反射，把不需要被反射到的东西遮挡掉。

背景墙
背景墙
背景墙
L5 带 30° 蜂巢
L6 带 20° 蜂巢
L4 带 20° 蜂巢
L7 柔光箱
L3 柔光箱
RS1=2′ × 12′
反光板
反光板
L8 裸灯，P3 位置
L1 裸灯，P1 位置
L9 裸灯，P4 位置
L2 裸灯，P2 位置

相机：玛米亚相机、飞思数码后背
镜头：80mm定焦
曝光：1/125秒，光圈F22，ISO 100
白平衡：日光
光源：L1=裸灯，P1位置；L2=裸灯，P2位置；L3=3×4柔光箱；L4=带20°蜂巢；L5=带30°蜂巢；L6=带20°蜂巢；L7=3×4柔光箱；L8=裸灯，P3位置；L9=裸灯
输出功率：L1及L2=100%；L3 = 75%；L4=80%，L5=75%，L8=100%；L9=80%。
现场人员：摄影师、助理、车主

汽车拍摄工具清单

皮塑净
“牛魔王”汽车护理产品
皮质清洁剂
卷纸
真空清洁剂
博物馆腻子
各种型号的反光板
小镜子
水桶
抹布
牙刷
橡皮泥
照明网格
镜头布
蜂巢
棉质手套
斜臂
助理
一个灵活的支架

三点布光

拍人像时有时最好采用保守且稳妥的方法。对于这个特殊的对象，我采用了三点布光——一束为主光打在脸上；第二束为辅光负责填充；第三束打在头发或边缘处来增加物体边缘的光度。

这样的布置（如图所示）可以使我按照需要来照亮拍摄对象，并在绿屏背景上产生无阴影且持续的照明。这个方法要求很严格，因为背景必须是一个连续均匀的色调，可以在数码后期制作中被移除。

在后期制作中，我要确保在最后照片中的音乐人是被高度强调的。我用人像专业处理软件来去除污点，甚至均匀肤色，最后得到一个整体洁净的修版效果。

当脸和皮肤的修饰完成后，在Photoshop中打开文件，删除绿屏背景，并用你在最后图片中看到的令人生畏的背景来取代。

最后，增加对比度和色彩饱和度。我将这个处理运用在色域的边缘。最后，这幅人像作品就有了一种“旧好莱坞遇到新科技”一般的感觉。照明是经典之举，但是强烈的色彩使这幅肖像作品带有了超现实的感觉。

相机: 奥林巴斯 E-5
镜头: 120mm
曝光: 1/60 秒, 光圈F16, ISO 100
白平衡：日光
灯: L1=条形柔光箱, L2=G30, L3=中型柔光箱
功率：L1=80%, L2=80%, L3=100%
现场人员：摄影师、模特

G30 1.8m 高
绿屏背景
条形柔光箱
模特
中型柔光箱
底部反光板
相机 1.2m 高

大型布景

当你在为大型（3m×3m或更大）复杂的布景照明时，你必须考虑一下工作现场周围的安全性。在大型布景时，迷宫式的电缆散落在地板上容易让人绊倒。因而应尽量将你的电源组放在安全，但机位所及之处。如果那不可能，那你就需要一位助手，他知道如何使用，并且按照你的指挥来控制电源。如果电源组太远，不要朝助手大喊，而是使用无线电设备来交流。

让客户知道，
在一个布置的大规模
场景中会存在一定的挑战

当为大场景照明时，建议使用1.2m×2.4m的柔光屏，固定在高处呈45°角倾斜。此灯可以作为主灯或者增强效果的补光灯，这取决于你的拍摄情况。下一个要打的光为侧光，应该为这个单元使用独立供电的电源组来获得最佳的控制。将灯打过一个代替柔光屏的1.2m×1.2m的白色磨砂亚克力板，这可以尽最大限度地减少眩光。主光和侧光布置好后，你可以自由地使用闪光灯加蜂巢、反光镜及反光卡去填充那些需要更多光的区域。

采用了像这样的流畅设置，艺术总监会少有失策或批评的时候。这样的调整也使你可以更好地控制并交替使用主光和辅光。通过整体灯光的照明，你已经建立了拍摄的基础。你当然可以通过增加光源来适应要拍的产品以增强图片效果，但是在大多数情况下，你会想要通过添加高光和阴影来将主体和背景区分开来。

相机：飞思
镜头：80mm
曝光：1/60秒，光圈F22，ISO 100
白平衡：日光
光源：L1=P2，L2=P4，L3=G30，L4=LG/REF，L5=G30，L6=P2，L7=P4
输出功率：L1及L2=60%，L3=80%，L4=100%，L5=80%，L6及L7=60%
现场人员：摄影师、助手、客户

当拍摄时会遇到许多障碍，比如在曝光中地毯的质地效果容易丢失；电视屏是一面大的白色反射物，这就需要相机处于正确的角度去拍摄；音箱是黑色的，内置铜制喇叭（这是另一个曝光挑战）；但最终，我们完成了拍摄。

当你遇到类似的困难时，一定要让客户知道在拍摄大布景时的困难，但同时要将这些障碍的困难程度留给自己解决。这会使你的客户放心，因为你克服了挑战并且想出了完美的曝光方法。在这个案例中我们采用了6个灯。开始用了8个，但是很快我们意识到有2个灯会形成交叉阴影，这是弊大于利的。（记住，灯光越多意味着变数越大。）

始终走在项目的前面，考虑布景的每一个细微之处

始终走在项目的前面，考虑布景的每一个细微之处。在大的布景中，你会经常遇到很多不同的表面、纹理和反射。记住，高端摄影都会投入大量资金，大制作意味大开销。我们需要全力以赴，花时间去测试。如果你觉得不清楚，就简单地一次对一个光源曝光，不要惊慌。这个做法可能不是很科学，但是很有效。

你可能已经注意到了本书中很多图片都是经过了Photoshop处理。我与大家分享这张照片的目的就是为了来证明一张未经大量后期处理加工的RAW图片同样可以很好。在这张照片里，电视墙被处理干净，电视机屏幕被填成蓝色。

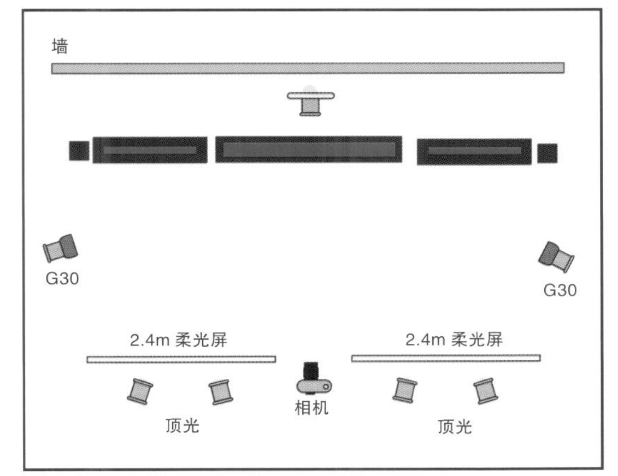

外景布光

你的事业将要蓬勃发展，因为你接到电话让你去为整个室外场景布光，有模特、道具、化妆师、助理和房子。你看了看预算，发现你正在运行一个每小时要花掉7000元的项目。这时候你才会理解外景布光对于一个摄影师来说最难做到也是最具高额回报的事情。客户让你出外景拍摄体现出对你摄影技术的信任，所以不要让他们失望。

一份工作清单会令你的外拍工作变得简单

工作清单会令你的外拍工作变得简单。清单应该包括如何到现场，拍摄所涉及的所有人的电话号码和项目所需要的设备。忘记一个重要的设备会给拍摄带来巨大压力，如果你有过这样的经历，那么你现在就应该有一份清单了。

当到达目的地时，需要找到电源插座，检查现场的灯光条件和隐患，然后搬进所需器材。将在照明中用不到的东西都放在一边。设立一个专放东西的位置，这样助手就知道去哪里找东西了。

在拍摄之前，要让自己觉得舒服。我的理念就是去接管场地。记住，你在现场是受欢迎的，客户也想你能尽可能拍摄好照片。在那一天里，你可能会有点像个“大牌”，所以好好享受你的特权吧。

你所学到的省时技能该拿出来亮相了。对着墙面打反射光，加上蜂巢来给拍摄主体照明，运用简单的补光源，考虑一下使用加了反光伞的灯光来照亮户外的物体。当要照亮整个场地时，尽可能使用较少的灯光。当将一处的灯光打得过亮，你为工作的周围环境和人员增添了危险，因而不用的灯，请把它拿走。

这里有一些关于外拍工作的建议。

- 随时为突发状况做好准备。
- 为所有拍摄场地的人员准备零食和饮料。
- 记住场地上所有人的名字。
- 当遇到天色较暗并多云的天气时，用较长的曝光来营造晴天的效果。
- 速战速决。

相机: 飞思
镜头: 80mm
曝光: 1/60 秒, 光圈F16, ISO 100
白平衡：日光灯
光源：L1=P1, L2=大型反光罩, L3=P1, L4=太阳
输出功率：L1=80%, L2=90%, L3=100%, L4=100%
现场人员：摄影师、助手、模特、客户、造型师

这是我在为期三天所拍摄的图组中的一张图片。这个项目的预算大约是18万元。无疑我们必须将这项工作做得又好又快。图片中卡车和房子的光大多都来自自然光。图片中前景的模特是由两个柔光屏提亮的，每个柔光屏后面都是一只裸灯被放置在P1位置。反光板放置在摄像机和模特之间将阳光和其他光线集中到模特身上。带有大反光罩的闪光灯用来给卡车的箱子均匀照明。

带有大型反光罩的闪光灯用来给卡车的箱子均匀照明

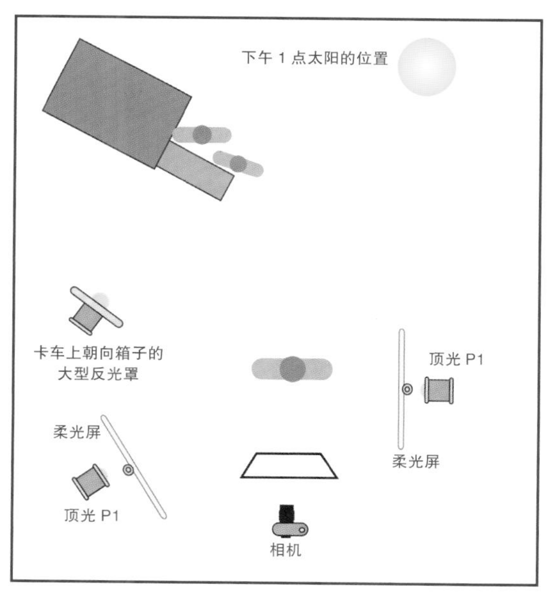

为Photoshop而拍摄

这次的拍摄目的是为了帮助客户向年轻时尚的客户群推广一款新设计的品牌包。预算很少，但是客户想要很好的效果。我提议让图片中的女士拿着包，将公司的标志水印在她的手臂上。这样，一个概念就形成了。

每一个元素都分开拍摄或者用3D程序来完成

为了更好地掌控最终图片的效果，每个元素都应该分开拍摄或者用3D程序处理。每个元素都在Photoshop中各占图层。注：每个元素的照明都应该相同，这样可以使它们更好地、更自然地结合在一起。我在P1的位置用了一个1.2m×1.2m的柔光屏。反光卡纸放置在摄像机和主体之间，角度指向手提包。

以下是拍摄过程。

- 第一个图层是模特的脸。
- 为了透视效果，增加一个肩膀图层。肩膀是另一位模特的。

- 将脸和肩膀合成为一个图像。再使用三维角色制作软件 Poser 设计发型。头发被分成两个图层：前面的头发和脸后面的头发。
- 直接在原始层上一层直接画模特面部阴影。使用画笔工具，调整图层的不透明度，然后增加一个轻微的高斯模糊。
- 接下来，插入一张经过裁剪的手包和模特手臂的图片，增加背景图（商业图片库图片来自我的收藏）。手臂图片经过旋转，其角度恰好构图。模特手上和手提包上的光线与她脸上的光相吻合。
- 为了更好地分离背景，我将背景调黑。
- 添加小水滴，令其就像在窗户上一样。现在模特就像是在一个下雨天的室内。
- 使用公司商标时，先创建一个矢量智能图片，然后旋转到位；降低图层的不透明度，选择了多重模式；最后用自定义笔刷添加花饰设计。
- 用自定义笔刷在窗户上添加一些裂缝。这一图层放置在雨水图层之下。

相机：奥林巴斯 E-5
镜头：12-60mm
曝光：1/125 秒, 光圈F11, ISO 100
白平衡：日光
光源：L1=P1
输出功率：L1=100%
现场人员：摄影师、模特

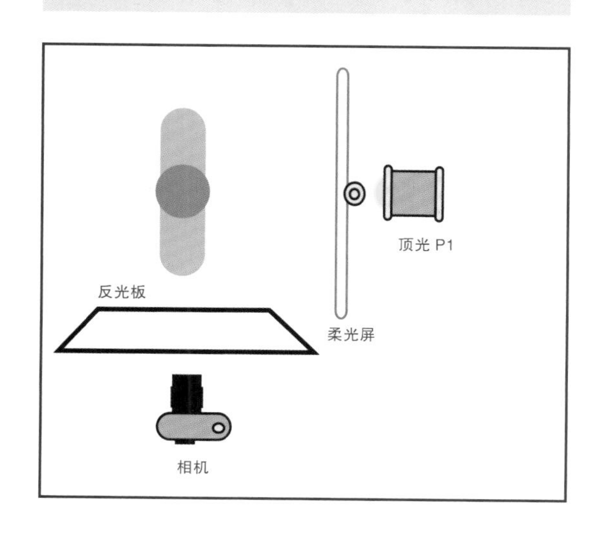

最终，你看到一位有着V型文身的黑发模特，拿着手包，在城市的雨夜站在一个破碎的窗户之前。我向你说明了步骤，所以你知道这些元素是如何组合在一起的，但是大多数人只会看到最终的效果并沉浸其中。

顶灯1

生活中我们见到的大多数事物都是被顶光照亮的，来源可以是太阳、商店里面的灯或者家中的灯。因此，当我们看用顶灯作光源的图片时，就会感到很舒服。也正是因为这样，顶灯在很多摄影作品中都是很重要的。

从物体上方照明可以营造出一种重力感

在商业摄影中，你必须将产品描述得很诱人。描述也要与拍摄所呈现的效果相一致。拍摄代表性产品时，拍得越真实越好，可用顶灯、反光板，还可以使用聚光灯。只有你以实事求是的态度拍摄，才会降低观看者看到图片和实物不同而产生矛盾的风险，才不会使消费者失望或者怀疑广告效果。

使用顶灯照明也可以在空旷的摄影棚内营造出重力感。人们通过感观来感知颜色、形状、深度和重量。通过塑造向下的阴影，可以帮助观众目测产品的体积。你可以通过制造更强的阴影来夸大产品的实际大小（许多消费者通过对产品重量的估测来评断其质量）；相反，你也可以通过减少阴影的方法来使物体看起来更小。描述产品尺寸的方式取决于你和客户。

你应该通过熟悉顶光通过柔光布和柔光箱打到被摄物体上的方式，去微调你的照明技巧。仅仅在被摄物体上布一个顶光，不会每次都获得理想效果。你需要用反射光去补光。需要注意的是，不要过分补光，阴影有助于创造出纵深感。

当为物体照明时有很多需要考虑的因素。图片将如何被使用？艺术总监想把主体从背景中用Photoshop抠出来吗？图片将会被打印成多大？实物的材质是什么？背景将会是怎样的？相机的角度如何设置？一旦你回答出以上所有问题，你就可以自由地为物体打光了。

以下光位图及文字说明介绍的是最简单的照明方式——不管是拍人，还是拍物。这些技巧会使你更快、更有效地工作，也是更复杂技巧的基础。

当用这种技巧工作时，你必须将物体放置在场地的中心。违背被摄像或是光位图来拍摄，不利于你成像。同时，为了最好的效果，应避免过度照明物体。

相机：飞思
镜头：80mm
曝光：1/60 秒, 光圈F22, ISO 100
白平衡：日光
光源：大型反光罩
输出功率：L1=100%
现场人员：摄影师、助手、模特

还有以下额外的建议。

- 简单的照明并不总是容易达到的。
- 顶光远非布光终极目标。
- 一些被摄物体需要更多的来自前面的灯光而不是来自顶部。有时这很难决定。
- 尝试通过控制阴影来传递立体感。
- 尽管使用顶灯可以使你模拟我们日常生活中所看到的大多数事物的照明，但其实顶灯不必像太阳那么的刺眼。

这幅作品成功就在于灯光简单而且具有戏剧性

- 当拍摄人物时，将顶灯放置在模特的上前方，直接将灯光打向模特的脸上。
- 留出模特上方的空间，这会使模特不会觉得那么幽闭压抑。
- 保持场地的安全。

这张照片就是用一个顶灯所拍摄出的完美的范例，它产生了极好的戏剧性效果。拍摄的布局很简单:斜臂上的大反光罩置于被摄主体上方，一个大的反光板放在地上，为画面底部补光。

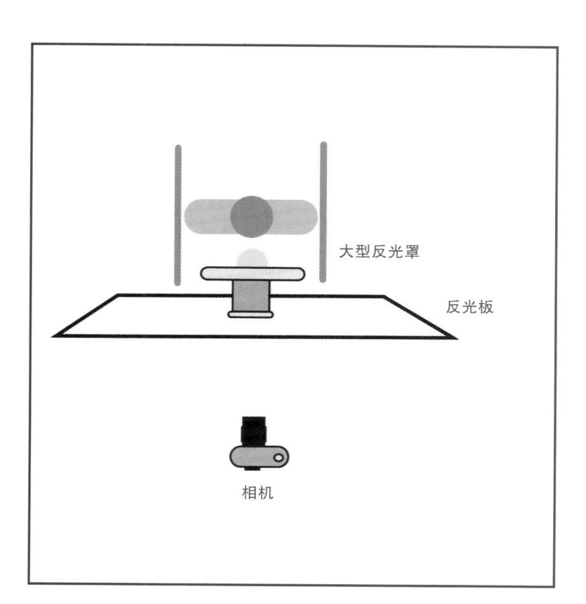

这幅作品成功就在于灯光简单而且具有戏剧性。主体是活泼的，灯光所营造的气氛也很适合他的动作。如果全景都被照亮的话，这张照片就不会这么有趣了。顶灯营造出一种戏剧般的感受，同时也营造了一种真实世界的感觉。

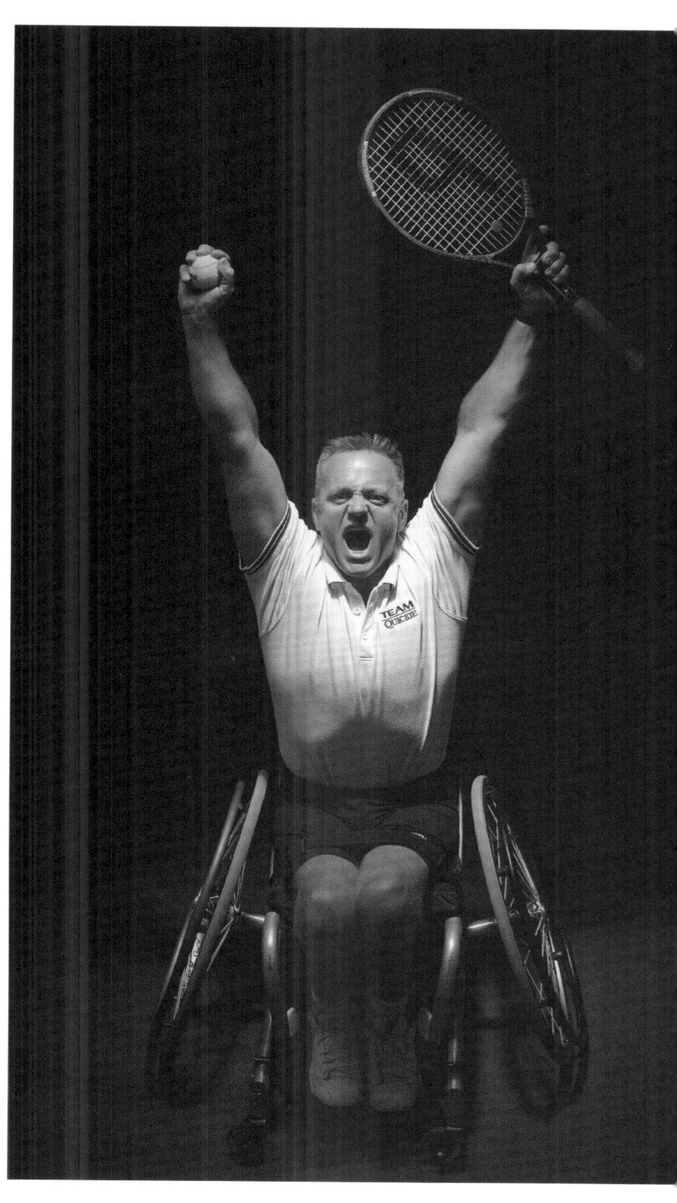

顶灯2

这幅肖像是为一位职业模特的写真集所拍。她想要在通常模特都有的图片中增加一点个性化的东西。于是我想到了一个办法：将她塑造成一个手举蜡烛沉思中的祈祷者模样。给模特拍照的报酬不高，但所拍摄的作品可以丰富你的作品集。

为了拍摄这幅作品，我将20°蜂巢安装在斜臂灯架上，同时立于模特的上方，作为主灯（顶灯可以为肖像带来很好的效果）。30°蜂巢的闪光灯打在模特背后靠近地板的位置，直接打在背景上，生出分离效果。底部的反光板是为了为模特面部阴影补光，并在黑色影调中呈现细节。烛光是单独曝光拍下的，并通过Photoshop合进画面中。

当拍摄一位模特而不是一个产品时，一条新的规则：你必须确保你拍摄对象安全。因为我们的顶灯可重达34公斤，于是我们再三检查配重的设定并增加底座的重量。

你的拍摄创意由于一些技术元素的应用，可以给观众产生强大的冲击力。在这幅作品中，头发、妆容和服装都特别符合这位模特。你可以看到，她的衣服有一点不寻常。偶尔为了一套服装疯狂一下没关系，创作一幅好的作品才是最重要的。

提示：当拍摄一位浓妆模特时，一定要确保化妆师用足够的透亮的粉来消除眩光。汗水能使模特的皮肤反光，很容易毁掉一次拍摄。

相机: 奥林巴斯E-5
镜头: 12-60mm
曝光: 1/125秒, F22, ISO 100
白平衡：日光
灯: L1=G20, L2=G30
输出功率: L1=100%, L2=60%
现场人员：摄影师、助手、模特

背影
反光板
G20 - OH
相机

顶灯3

有时现场光是你的主要光源。在这个场景中，照亮花的大部分光线来自后面的窗户。当然，我是通过精心摆放花的位置来获得这些光线的。

在现有光线的前提下，你需要了解在哪些地方进行补光。我经常先试拍一张，看看哪些地方不合适，再进行调整。我能辨认出哪些地方的光线比较暗，然后打出更多的光以得到合适的曝光。

反光板在前方均匀地打出了照射在花瓶及丝带前方的光线

这张照片是给美国艾柏森高档超市在报纸和网上在线销售鲜花用的广告宣传照。背景中的散射光来自于透过百叶窗的太阳光，同时也在桌面上产生了强烈的倒影。在花的上方，布一盏裸灯，透过1.2m×1.2m的柔光屏照射。此光比窗光明亮1.5档。此外，我将一块反光板放置在花和相机之间的位置，将照明到花瓶和丝带上的光打匀。最后，我在Photoshop软件里对照片应用了模糊效果并加强了色彩。

相机：奥林巴斯 E-5
镜头：12-60mm变焦
曝光：1/125秒，光圈F11，ISO 100
白平衡：日光
光源：L1=顶光P1，L2=窗光
输出功率：L1=100%，L2＝50%
现场人员：摄影师、助理、客户

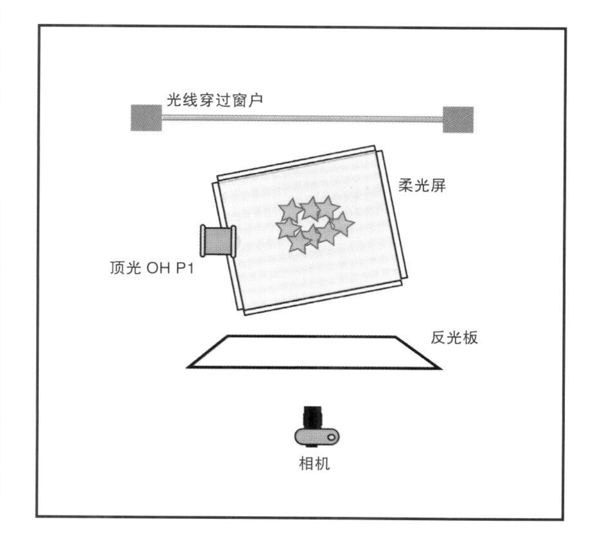

利用镜子布光

镜子是非常重要的布光工具。利用镜子可以对光线进行很多控制（相对于四叶板或者束光桶，镜子我用得更多），你可以针对局部区域补光而不会影响到整体布光，也不用再加一盏灯或者灯架到拍摄区域，使现场变得杂乱。

小镜子适合用在有限的区域内，大镜子则适合外拍，用来加强阴影细节或者从背部打亮模特的头发。我见过一些摄影师会准备圆形、小方形，甚至不规则的破碎的用大力胶布包边的各种镜子。带内置支架的化妆镜对我是最理想的选择：一面提供大面积的反光，另一面则可以产生聚焦反射。

镜子反射的效果有多种变化，这取决于镀银层的颜色，以及使用的是哪种玻璃或者亚克力材料。老镜子会反射暖调的光，而新镜子则不影响反射光的颜色。记住，你可以在镜子上加色片来改变局部区域的颜色，而不影响整体的颜色。要创作令人信服的图片或者为了特殊的目的服务，颜色的改变会起到很大的作用。

搭建这个小型的拍摄场景很简单：我们将几个玻璃瓶放在一张福米加塑料贴面上，找到一个可以让玻璃瓶显得耀眼的角度。我用一个中号的反光罩指向背景，让背景不要死黑；这个光也给玻璃瓶的背部带来了一些镜面光。我把一盏裸灯放在1.2m见方的柔光屏后，置于机位左侧，让玻璃瓶整体凸显出来。

化妆镜放置在玻璃瓶的左边和右边，用来捕捉和增加现场的光线。镜子反射的背景光给瓶身顶部和颈部带来很多漂亮的光效。而来自左侧柔光屏的反射光线则主要作用于瓶身底部，这使不同远近的瓶子在画面中分离开来。

相机：奥林巴斯 E-5
镜头：12-60mm变焦
曝光参数：1/60秒，光圈F16，ISO 100
白平衡：日光
光源：L1=顶灯P1、L2=镜子反光
输出功率：L1=100%，L2=80%
现场人员：摄影师、助理

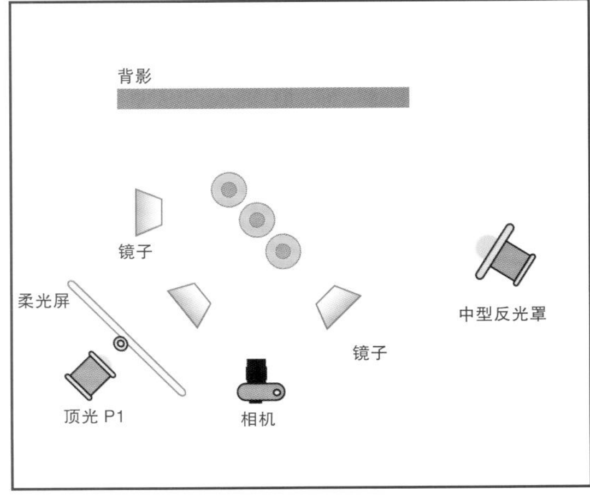

小物件及珠宝

为拍摄一个小物件而搭建拍摄台是一件颇具挑战的事情。你需要搞清楚拍摄场景中的物体真正的颜色和材质，并确保其颜色和材质有足够的对比度。你可以用浅景深来使背景失焦模糊，从而使被摄物体显得非常锐利。以下是步骤：

- 将光圈设置在 F2.8 ~ F4.5；
- 把灯设置成全功率输出；
- 在镜头前装上 3 ~ 6 档的中灰镜（做一下曝光测试来决定哪个挡位的滤镜更合适）;
- 聚焦于拍摄物上（为了突出焦点，可以开大光圈和把中灰镜调到比较弱的档位；若要扩大清晰范围，可调小光圈并将中灰镜调到比较强的档位）。

相机：奥林巴斯 E-5
镜头：12-60mm变焦
曝光：1/125秒，光圈F22，ISO 100
白平衡：日光
光源：L1=灯头带30° 蜂巢透过亚克力板
输出功率：L1=100%
现场人员：摄影师

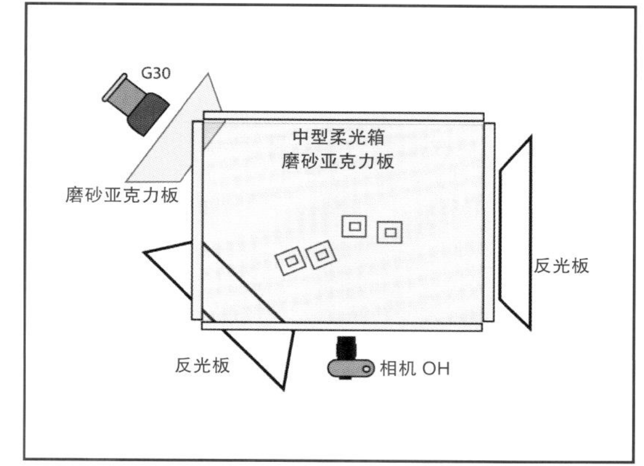

对于这张照片，我先确定了机位。这对于拍摄小物体是很重要的，如果你不知道物体在你镜头里所处的位置，布起光来是非常困难的。我将相机置于拍摄台上方，从项链的上方和前方开始拍摄，这是最佳视角，也是最简单的架设机位的方法。

把一个1m×1.2m的柔光箱置于整个拍摄台的上方；该柔光箱的光线透过一块磨砂亚克力板投射慢射光，给整个照片带来柔和的光感。从左后方我放置了一个带30° 蜂巢的灯，通过亚克力板打侧逆光。最后，我用反光板和白色卡纸把整个拍摄台包围起来。

在Photoshop里，我把花模糊掉，营造出朦胧感。同时，给整张照片调出一些偏绿的色调，营造自然之感。通过调色把这张照片从不错升级到非常好。用Photoshop来调整照片不是在耍小聪明，只是摄影师用来美化自己照片的重要工具而已。

这里还有一些小技巧：

- 用牙科用蜡来支撑小件珠宝；
- 给你的手留出足够的空间加以调整；
- 永远戴着手套，避免出现手指印。

日光

相机：飞思one
镜头：80mm定焦
曝光参数：1/60秒，光圈F22，ISO 100
白平衡：日光
光源：L1=顶灯P1，L2=太阳光
输出功率：L1=100%，L2=00%
现场人员：摄影师、助理、客户、模特和造型师

太阳在天空中缓慢移动，所以你的现场光也是在不断变化。一旦你在阳光下准备好进行拍摄，动作一定要快。决定在拍摄中用什么样的光线，挡掉不需要的阳光，将需要的阳光反射进来，可以用闪光灯给阴影处补光或对其进行柔化。

如果你想用背光照亮模特的头发，可以让模特背对阳光站立，用反光板把阳光反射到模特面部和身体上。可以用柔光布柔化反射光以免模特眯眼。不要让太阳光进入镜头，你还可以用镜子捕捉太阳光，并导向她的头发。这样你在安排模特位置的时候会更灵活。

在正午直射的阳光下，不要使用雪地、白沙滩、水泥地、静止的水面或镜面外观的建筑作为背景，这类表面会造成很多曝光上的问题。为了避免这些问题，你可以用外置闪光灯来照亮模特，好好选择拍摄角度以减少眩光，或者等待太阳移动到更合适的位置。

拍摄这张照片时，我让助理站在游泳池边上，搅动水面以产生波纹。这样水面就不会看起来很平。水面泛起涟漪时，控制反射、色彩和高光就相对容易。太阳在后方照亮模特，在模特的头发及身体边缘营造出高光。一个1.2m见方的柔光屏放置在机位右前方。闪光灯全功率输出，用来平衡太阳光。模特的左侧是一张大的反光板，用来反射太阳光和柔光屏中的光。

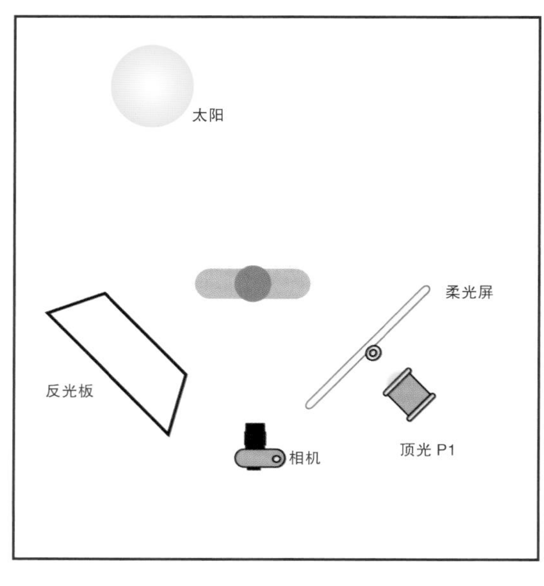

室外闪光灯补光

当然，你可以用非常明亮的闪光灯在黑暗的房间里拍摄照片，但拍出好照片的概率并不大，对于室外拍摄来说，一组性能良好的灯光对于为阴影补光和校正曝光是非常重要的。

当阳光在你的拍摄对象后方时，你需要在前方针对被摄物补光。先针对自然光测光，取得合适的光圈值，并将闪光灯设置成同样光圈下的输出或者高一档，一旦你认为能够很好地平衡自然光和闪光的输出比的时候，在相机的LCD显示屏上查看，确保高光区域没有溢出（例如，RGB值不能大于245）。否则，当你为了更好地印刷，把照片转换成CMYK色彩模式的时候将会非常艰难。

外拍的技巧相对复杂，值得我们花时间去研究和掌握。户外为摄影师提供了各种不同的有趣场景，利用补光技巧可以给你的照片带来很多变化。

看这幅肖像，你可能很难想象这是在一片真实的向日葵种植田前拍摄的。照片看起来是用绿布作为背景拍摄，然后褪底完成的。但如果你仔细看，就会发现太阳光从人物左上方的顶部照射下来。我在机位左侧，放了一把反光伞，照亮男模特的背部和女模特的脸。用一支带40°蜂巢和琥珀色滤色片的灯从后方照亮女模特的头发。太阳位置很高且在云层里面。所有这些光集合在一起，以同样大小的光圈拍摄，使这张照片产生了一种超现实的戏剧化效果。

相机：飞思
镜头：80mm定焦
曝光参数：1/125秒，光圈F16，ISO 100
白平衡：日光
光源：L1=反光伞，L2=灯头带40°蜂巢，L3=太阳光
输出功率：L1=100%，L2=80%，L3=80%
现场人员：摄影师、助理、客户、模特

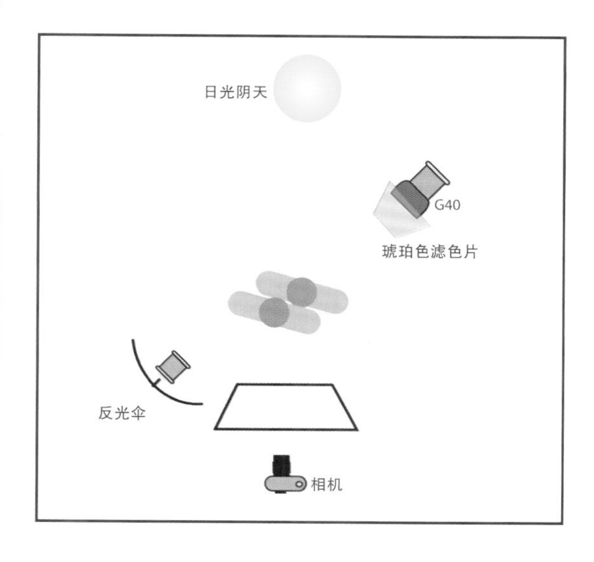

钨丝灯和日光灯

日光给人带来一种纯净、清冷和自然的感觉。钨丝灯则可以使被摄对象的颜色变暖。当这些光源结合在一起时，会互相抵消一些自身的光感，而营造出美丽的画面。任何时候你想用统一的布光方法去拍摄一系列照片时，这种技巧易于控制，而且效果明显。

混合光可以使平凡的物体变得令人着迷，真实感更强。你可以控制光源来改变颜色，从而引导观看者的视线。颜色的多样性和良好的构图可以营造出有趣味的画面。

以这张照片为例，我想让观众的视线集中到柜子下方的区域，即画面中要突出的产品上。场景中日光效果来自3个光源的投射：第一个光源，在拍摄区域左方，闪光灯通过1.2m×1.2m的柔光屏进行照射；第二个光源，裸灯放置在1.2m×1.2m柔光屏后的P1位置，比第一支灯强1.5档，以帮助凸显出更多细节；考虑到用1/30秒的曝光，柜子下方的钨丝灯成为第三个光源。

这些光源合在一起会互相抵消一些自身的光感

最后一个光源是放置在产品前方，带20°蜂巢的灯头指向书的方向。这支灯覆盖了书本上的暖色光效果，并在产品上营造出一种出人意料但又易于接受的高光效果。放在模特身后并朝向产品的一面小镜子强调了这种高光效果，它所捕捉到的光来自于蜂巢，并投射到产品背后。

相机：飞思
镜头：80mm定焦
曝光参数：1/30秒，光圈F11，ISO 100
白平衡：日光
光源：L1=P3位置闪光灯，L2=钨丝灯头，L3=闪光灯带20°蜂巢，L4=P1位置
输出功率：L1=50%，L2=30%，L3=70%，L4=100%
现场人员：摄影师、助理、客户、模特

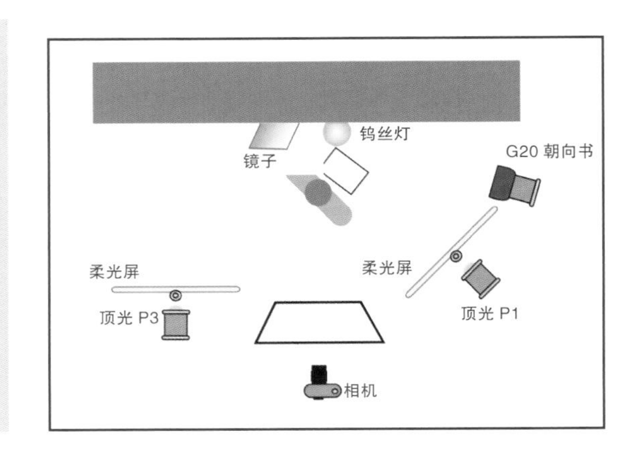

玻璃制品布光

当拍摄玻璃制品时，你不想要柔光箱或者其他光源反射到被摄物体上。为了避免这种情况，试着利用白亚克力板来修饰。你当然也要确保相机和摄影师不会穿帮。在相机和拍摄台之间放置黑色泡沫板（1.2m×1.2m或更大），然后在泡沫板中心挖一个足够镜头能通过的孔。

在拍摄干净的玻璃制品时，可以略微使曝光不足。你可以利用Photoshop里的色阶工具来校正。如果你发现某些区域过亮，可以准备灰卡或者黑卡针对高亮区域进行吸光，从而降低亮度。

这张照片我想表达出暖调的年代感。我利用绳子、软木塞、烟盒和钞票这些道具来营造这种气氛，把冰块放在有100年历史的玻璃杯中，营造真实的饮酒感觉。

我在拍摄台上方放置了一块90cm见方的亚克力板，利用一支裸灯通过亚克力板向下照射，作为顶光；在机位前方靠下的位置放置反光板，给玻璃瓶的下部和小罐一些亮度。在拍摄台的两边，我分别放置了一块90cm见方的反光板，把顶光反射到玻璃瓶一侧。

我利用12-60mm变焦镜头来取近景，让瓶子看上去更立体。景别小，让我节省下预算而不失去整张照片的趣味性。我用黑丝绒布作背景，以确保在最后的曝光中背景全黑。

在Photoshop里，我轻微模糊了玻璃瓶身，达到浅景深的效果，然后做暗了背景。

黑丝绒布
90cm 见方的亚克力板
顶光穿过板子 OH
反光板
反光板
反光板
相机

相机：佳能5D
镜头：12-60mm
曝光：1/125秒，光圈F11，ISO 100
白平衡：日光
光源：L1=P1位置顶灯
输出功率：L1=100%
现场人员：摄影师、助理

系列照片拍摄

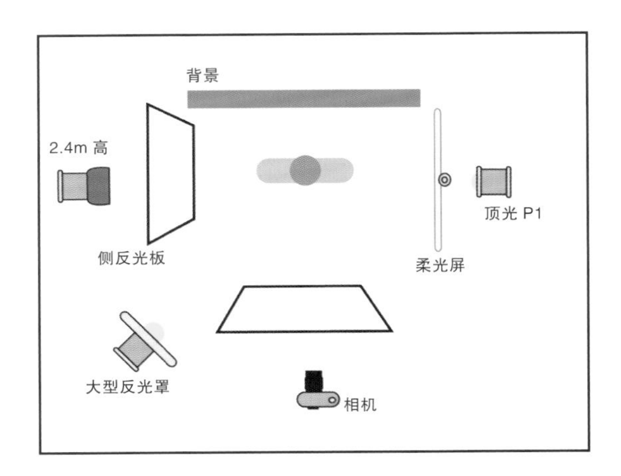

相机：奥林巴斯E-5
镜头：12-60mm
曝光：1/125秒，光圈F22，ISO 100
白平衡：日光
光源：L1=大型反光罩，L2=灯头带20°蜂巢，L3=P1位置
输出功率：L1=50%，L2=60%，L3=100%
现场人员：摄影师、助理、客户、模特

作为商业摄影师，你会经常受广告客户的委托来拍摄大量多样性的照片参加广告比稿。利用相同的光线来拍摄一系列照片，能够保持连续性。选择一种用光方案，然后坚持到底。拍摄过程中，需要根据实际情况不断细微调整，保持主光不变，利用其他的灯来细微调节整体曝光。也许拍摄主体会变，但是基本的光线效果不变，这样拍出的一张张图片会给人一种统一的感觉。你的布光要有效而有型，不要过度为场景布光。

每个客户的品位和要求都不一样。在决定用光方案以前，你要尽量多了解产品以及公司的状况，试着让客户提供他所期望的照片样本。最重要的是，永远听客户的，他们会告诉你一切你需要知道的事情。还要记住：客户满意就会把你推荐给其他客户，也就意味着以后你能够不断接单。任何一个成功的摄影师都明白，你的机遇是建立在每一次为每一位客户所做的工作上。

能否拍摄出成系列的精美照片是摄影师审美成熟的标志。我建议你去不断锻炼这种能力。

这些照片是为了记录丹佛音乐节而拍摄的。我的目标就是借助摄影技巧去拍摄一系列展现音乐的动态和美感的身体姿态的照片。为了确保这组系列照片效果相对稳定，我用了一些关键性的手法来创造这种紧密的联系感：第一，每张照片都有特定的颜色背景；第二，用光方法一致（每个音乐家都被限定在一个90cm见方的区域内活动）；第三，每个音乐家的动态；第四，利用Photoshop软件来美化照片。这些手法帮助我创作出了一系列非常棒的肖像作品，我还会在项目期间继续拍摄出更多类似的作品。

为拍摄这组照片，我将柔光屏内凹，并让每一个模特站在其中

为拍摄这组室内景的照片，我将柔光屏内凹，并让每一个模特站在其中。这给了我充分的自由，可以让我在拍摄肖像时不受干扰，控制气氛和音乐家的姿态。有时候，你需要将模特与周围的环境隔离开来。拍摄这一张照片时，我请周围正在聊天的工作人员、旁观者和摄像师们都离开拍摄场地。那些破坏注意力的场景会毁掉你的拍摄。

我把一支裸灯安装在斜臂上，离模特左侧2.4m处进行照射；灯光透光柔光屏，与越过柔光屏的光形成两种光线打到模特身上。在拍摄区右侧，我用一个灯头放置在柔光屏后的P1位置，比左侧的光线暗一档，从而给整个身体一些自然的补光。第三只灯，也是灯头放置在P1位置，透过柔光屏给音乐家打出了背后轮廓光。反光板用来给音乐家身上最暗的部分补光。

在Photoshop里，打开“图像→模式”菜单，选择“16位／通道”选项。我加上橙绿色的背景和环绕在模特身体、吉他或者鞋子周围的光线。最后，增加了整个照片的饱和度。

产品图

如今，你会经常在各类媒体上看见这种单纯的产品图。我想现在是时候向大家展示这种照片“如何拍摄”了。

以下是我拍摄黄夹克的流程。

- 首先，我用蒸汽熨斗把衣服熨平。
- 其次，把衣服穿在模特身上拍摄；这样我就能使衣服有了独特不凡的形状。
- 把衣服从模特身上脱下来，拍摄帽子和袖口的内衬部分。
- 利用路径工具把黄夹克抠出来。
- 在 Photoshop 里，移除模特的脸和手。
- 为夹克新建一个图层。
- 剪切出帽子和袖口。
- 为帽子新建一个图层，在夹克所在图层上方。
- 为袖口新建图层，在夹克所在图层上方。
- 利用自由变换工具去改变帽子和袖口的大小变形状，使其看起来是整件夹克的一部分。
- 构图完成后，合并图层。

这张照片的背景是在Photoshop里直接渲染的，我利用圆形渐变工具做了一个白蓝渐变。

相机：奥林巴斯E-5
镜头：12-60mm
曝光参数：1/125秒，光圈F16，ISO 100
白平衡：日光
光源：L1=P5位置，L2=P1顶光，L3=P1位置，L4=大型反光罩
输出功率：L1=60%，L2=100%，L3=80%，L4=60%
现场人员：摄影师

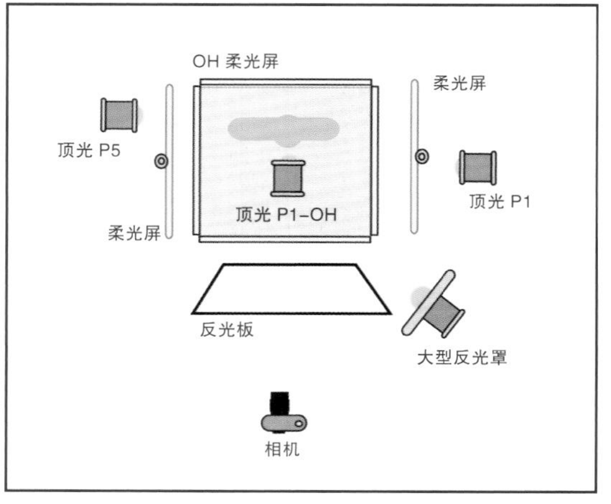

剪影

相机：飞思
镜头：80mm定焦
曝光参数：1/125秒，光圈F22，ISO 100
白平衡：日光
光源：L1=大型反光罩，L2=大型反光罩，L3=大型反光罩
输出功率：L1=L2，L3=100%
现场人员：摄影师、助理、模特

剪影就是在一张照片里被摄主体看起来是一个具有固定边缘的单色物体（一般情况下是黑色的）。剪影的边缘与被摄主体的边缘是匹配的，但是剪影内部没有任何细节。这个黑色的被摄主体常常朝向光源方向或者白色的背景前放置，有时甚至没有背景。当你所拍摄的广告要求一个梦幻的效果，但又需要给文字和标志等留出足够空间的时候，剪影是个很好的选择。

没有光线照射到物体前方，就形成了阴影

拍摄剪影时，一般把被摄物放在灯光和镜头之间，这个时候没有光线照射到物体的前方，物体的前面处于阴影中且没有细节。

剪影是非常优雅的一种方式，可以拍出很有感觉的照片。在这次拍摄中，我让这个女孩站在灯光和相机之间，向后倾斜站立。利用这种艺术化的构图来强调模特后面的光立方。

我搭建起16个0.9m×0.9m的光立方，然后在光立方后方放置了3个带大型反光罩的灯头，指向相机机位。一旦找到合适的曝光，我就会让模特进入相机与光立方之间开始拍摄。

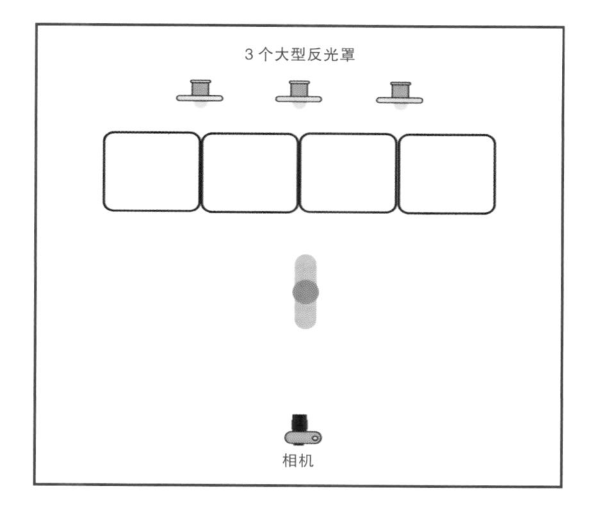

黑中黑

最后一个用光案例，我将告诉你我所遇到过的最难的一类产品拍摄——在黑色的背景中拍摄黑色物体的方法。

“黑中黑”式的照片时而流行。近年来，这类照片成为了电子行业厂商的常规需求。对于我来说，将产品拍摄得美观而昂贵是我的基本职责，而“黑中黑”完美地契合了这个目的。

当你在为“黑中黑”场景布光时，你一定要准备许多灯，将其放在各个位置来构造完美的高光。我选择了黑丝绒作为背景，因为它不会被其他灯光影响到。我用一块黑色的福米卡板作为前景。这是一种干净、耐用的表面，看不出划痕和凹坑。

在音响上方，我放置了一块1.8m×1.2m，0.635cm厚的黑色亚克力板。我把一只灯安装在斜臂上，放置在拍摄台的左侧，给画面左侧扬声器和画面正中间的扬声器形成柔光效果。

为了打亮右侧的扬声器，我用了一块0.9m见方的磨砂亚克力板，把它放置在拍摄台右侧，用一只带30°蜂巢的灯头指向它们，在大的扬声器右侧产生略微带暖调的高光。为了将这些音响与背景分离开来，我用一只带中型反光罩的灯头指向黑丝绒背景，让背景有一些亮度。

黑丝绒
中型反光罩
2.1m 高顶光穿过柔光屏 OH
磨砂亚克力板 1.2×1.8
磨砂亚克力板
透过亚克力板

相机：飞思
镜头：80mm定焦
曝光参数：1/60秒，光圈F22，ISO 100
白平衡：日光
光源：L1=裸灯，L2=大型反光罩，L3=灯头带30° 蜂巢
输出功率：L1＝L2=100%，L3=80%
现场人员：摄影师、助理

后记

对于你和客户来说，摄影都应是一件令人愉快的事情，永远不要感到灰心丧气，有些被摄对象的布光会比你想象的要难。如果你发现自己陷入了困境，就先休息一下，想想拍摄的事情，不要害怕和客户讨论问题，他们不会觉得你笨。记住，你不是一个超级英雄，你只是个专业摄影师。很多时候，通过一些调整，客户会帮你一起完成工作。只要告诉他们：你一直使用的技术看起来并没有起作用，现在要尝试一些新方法了。一旦你提出这个想法，你的客户很可能会更加享受拍摄过程，向他们展示布光方法的革新永远不会有损于你们的关系。

建议所有的摄影师在停工期间都要去学习灯光在各种表层及材质上所反映出的效果。没有什么比你不确定自己的布景拍摄出来是什么效果更容易失去顾客的了。独自练习，有助于你在日后实战中面对各种材质问题。为镀铬合金、玻璃、黑橡胶以及其他表面的物体布光，对于产品摄影师是具有挑战性的。如果你不知道自己在做什么，即使为一个纸袋布置灯光都很困难。

你还应该把你的肖像技巧当作一门学问来钻研。也许有一天你要为一位有着大鼻子，深窘眼睛，戴着眼镜，光亮秃顶的人或者一组有着不同外貌缺陷的人拍摄，你不能吩咐你的拍摄对象不断转向不同的方向，直到布光看起来正确为止。指导别人是拍摄中最艰难的部分，所以带上你几个朋友，让他们戴上眼镜，尝试指导他们。更好的办法是，把一副眼镜戴在三只气球上，尝试拍出没有难看反射的好照片。

此外，不要让你的肖像模特知道你为他们布光困难，人们在被拍摄时希望自己是特殊的。当你顺利完成工作，你可以安慰顾客说他们做得很棒，帮助顾客保持平静，消除紧张情绪。

作为一个商业摄影师，实践和练习是至关重要的。了解灯光及其对人和物产生的不同效果是你的工作。摄影界竞争激烈，我们都要拍摄出无论灯光，还是拍摄，都令客户满意的成片。练习并不意味着你不是一个好摄影师，相反，不练习的摄影师会落后于人。

摄影专业术语表

亚克力板（Acrylic diffuser）——将半透明的白色亚克力板放置在光源和被摄对象之间，用以均匀温和地漫射来自光源的光线。

背光（Backlight）——光源照亮被摄对象的背面并射向相机。这种照明常常会造成被摄对象前方出现阴影，而且它的使用可能造成曝光不足。在这样的照明方式下，被摄对象的边缘被照亮，显出光晕，这种效应通常简称为“轮廓光”。

黑卡（Black card）——用于阻止光线照射在拍摄现场或被摄对象上。

斜臂（Boom）——可调整的杆型长臂，用于悬挂灯或照明配件。

反光板（Bounce card）——一张白色卡纸，用于将光线从另一光源反射到拍摄现场。

反射光（Bounce light）——不直接从光源得到的光线，这种光线在经过其他物品的反射后才照到被摄对象上。

亮点（Bright spot）——图片中最亮的高光部分。

照相机支架（Camera stand）——一个交叉臂设计的装置，用于固定摄影室中所有尺寸的照相机。这个支架常常有锁紧的齿轮底座和量度，可供摄影师计算照相机的位置。

色温（Color temperature）——是对光的色彩质量的描述，开尔文是它的度量单位（如5500K）。

遮光片（Cookie）——用于挡住光线照射到拍摄现场或被摄对象上的装置。

斑纹用光（Dappled light）——为图像增加形式感和形状的气氛照明，斑纹用光的效果常由一个遮光片来营造。

日光（Daylight）——来自太阳的光，或来自光线色温从5500～6500K之间的闪光灯。

衰减（Falloff）——对于场景边缘照度的流失，这是由于使用了不能完全覆盖整个拍摄现场或视野的光源。

辅光（Fill light）——一种间接的光线，用于填补由主光造成的阴影。通常，辅光比主光的亮度低。

光晕（Flare）——光晕是无图像形式的光线，它由照相机来记录。它可由直接照在镜头的光或者从某一表明反射在镜头的光线造成，它能够在图像中营造独特的形状和线条。

闪光灯（Flash）——这是大多数工作室摄影师所选择的工具。它们使用起来用电量低、便携，同时也能简单地与照相机自然光白平衡设置或自然光平衡胶片相匹配。这个术语也指由闪光灯装置造成的亮光的猝发。

滤光片（Gel）——置于灯光之前或在反光板上的塑料片，用于转换拍摄现场或被摄对象身上的光线色彩。

图案片（Gobo）——被置于聚光灯前，用于在拍摄现场内或被摄对象上营造某种光影图案的工具。

发灯（Hair light）——一个置于被摄对象上方的光源，用于展示头发的细节。

高光（Highlight）——高亮而少阴影的区域，在光线照射在被摄对象或拍摄现场中时产生。

蜂巢栅格（Honeycomb grid）——置于反射罩内部的调整装置，它可以迫使光线沿直线传播，常用的是10°、20°、30°和40°的蜂巢，一些制造商可提供超精密的5°蜂巢。

布光图（Lighting schematic）——展现照明安排的图，用于和其他摄影师或顾客讨论照明策略。

灯光电源组（Light pack）——控制闪光灯的电源，也叫作电源组。

柔光屏（Light panel）——一个大铁框内镶嵌有白色半透明织物，用于漫射光线。

光比（Light ratio）——图片中阴影和高光区的对比强度。

主光（Main light）——照亮拍摄现场的最强大的光源。

顶光（Overhead light）——来自被摄对象或拍摄现场上方的光源。

电源箱（Power pack）——运行闪光灯的能源，一个电源箱可能直接与闪光灯装置连接或不直接连接。

柔光板（Scrim）——由不透明材料制成的面板，能够分散透过它的光。

次光（Secondary light）——用于拍摄现场的第二强大的光源。

拍摄现场（Set）——指拍照时照相机视野中的所有空间。

阴影（Shadow）——风景或被摄对象的某个未被光源直接照亮的区域，照片的这些区域比其他接收到光线的区域要暗。

侧灯（Side light）——一个放置在被摄对象或拍摄现场侧面的灯，这个灯有极好的质量而且在图片中营造立体感时会很有用。

束光筒（Snoot）——连接到光源的长管子，用来营造小束的光照。

柔光箱（Softbox）——遮盖光源的织物，它能产生温和散开的光质。

影棚架（Studio stand）——用于固定灯、架子、反光板或遮光板的重型支架（通常带有轮子）。

同步线（Sync cord）——在照相机和闪光灯装置之间的连接物，当快门完全打开时，它能使闪光在正确的时刻被触发，这样闪光触发造成的全部效应都能被记录下。

静物台（Tabletop set）——该布景包含一个平整的、可升降的平面，该平面上的物体和产品将被代表性地拍摄下来。

三脚架（Tripod）——一个三条腿的支架，用于固定照相机。使用它可以避免手持照相机时发生的相机抖动的情况，这样的抖动会使画面模糊且导致更长的快门速度。

钨丝灯（Tungsten）——由白炽的光源产生的色温在2500～3500K之间的光线。

白光伞（Umbrellas）——一个夹在或安装在灯上的伞状调节器，用于漫射并柔化照在被摄对象或拍摄现场的光线。这种调节器十分有效，带有银色内衬的可以营造更冷的光，带有金色内衬的可以营造更暖的效果，而白色内衬的伞可以营造更高水平的漫射，且不会影响灯光的颜色。

环绕照明（Wraparound lighting）——一种由伞或其他调节器产生的温和照射在被摄对象两侧的光线。这种照明营造了低照明比和照明良好、开放高光区。

关于作者

罗伯特•莫里西（Robert Morrissey）1988年进入美国堪萨斯艺术学院开始学习摄影，大三时在顶级商业摄影师尼克•威多斯的工作室实习。受威多斯的启发，罗伯特在19岁时开办了自己的摄影工作室，20岁的时候，他的作品已经在全世界范围内发表。罗伯特在运营摄影工作室的同时，也为堪萨斯城当地的一些职业摄影师担任助理，以尽可能多地学习专业知识，并将其运用到自己的拍摄任务中去。本科毕业后，罗伯特卖掉了工作室，游览美国和欧洲，去拍摄一切令他感兴趣的东西。

到达维吉尼亚海滩以后，罗伯特在怀特工作室找到一份工作：负责一个E-6工艺的暗房和为美国海军拍摄图集。这是罗伯特第一次接触专业的数码相机。从此以后，罗伯特成为了密苏里—哥伦比亚大学的顶级摄影师。在这里，他帮助推广使用Adobe Photoshop作为图像处理工具。

在被飞思公司选中作签约摄影师后，罗伯特的职业生涯有了较大的起色。罗伯特现在与奥林巴斯合作紧密，并得到DynaLite闪光灯和Chimera摄影配件公司的赞助。

作者用iPhone 5自拍的肖像

现在，罗伯特是莫里西公司的老板兼首席摄影师，他主要为广告公司拍摄美食和肖像。罗伯特为世界顶级的广告公司、图片商和电视机构拍摄作品。你可以在美国《国家地理》《华尔街日报》《时代周刊》或者美国当地的百货公司及仓储大卖场中看见罗伯特的广告摄影作品。

与罗伯特联系

想要关注罗伯特的摄影活动并得到更多的用光技巧，可以访问他的博客：

http://masterlightingguide.blogspot.com